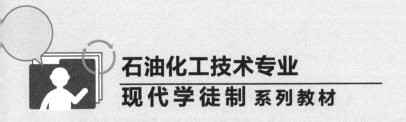

石油化工技术专业
现代学徒制系列教材

U0367634

焦化装置操作技术

刘小隽　　任玉贺　　主编

化学工业出版社
·北京·

内 容 简 介

本书是教育部第二批现代学徒制试点单位辽宁石化职业技术学院建设项目和高职教育创新发展行动计划（2015～2018）骨干专业石油化工技术专业的建设成果。本书内容包括延迟焦化概述、焦化反应岗位生产操作、水力除焦岗位生产操作、焦化分馏岗位生产操作、吸收稳定岗位生产操作、脱硫岗位操作控制、装置通用设备操作、装置异常处理、装置安全要求以及 DCS 模拟仿真操作等 10 部分内容。

本书在满足现代学徒制教学需要的同时，可作为职业院校石化类相关专业师生的教材和学习资料，也可供从事石油化工生产的相关人员参阅。

图书在版编目（CIP）数据

焦化装置操作技术/刘小隽，任玉贺主编.—北京：化学工业出版社，2019.10

ISBN 978-7-122-35346-7

Ⅰ.①焦…　Ⅱ.①刘…②任…　Ⅲ.①焦化装置-高等职业教育-教材　Ⅳ.①TE963

中国版本图书馆 CIP 数据核字（2019）第 223202 号

责任编辑：张双进　刘心怡　　　　　　　　　　文字编辑：张启蒙
责任校对：李雨晴　　　　　　　　　　　　　　装帧设计：王晓宇

出版发行：化学工业出版社（北京市东城区青年湖南街 13 号　邮政编码 100011）
印　　装：涿州市般润文化传播有限公司
787mm×1092mm　1/16　印张 11¾　字数 235 千字　2020 年 12 月北京第 1 版第 1 次印刷

购书咨询：010-64518888　　　　　　　　　　售后服务：010-64518899
网　　址：http://www.cip.com.cn
凡购买本书，如有缺损质量问题，本社销售中心负责调换。

定　　价：46.00 元

2014年2月26日，李克强总理主持召开国务院常务会议，确定了加快发展现代职业教育的任务措施，提出"开展校企联合招生、联合培养的现代学徒制试点"。《国务院关于加快发展现代职业教育的决定》对"开展校企联合招生、联合培养的现代学徒制试点，完善支持政策，推进校企一体化育人"做出具体要求，标志着现代学徒制已经成为国家人力资源开发的重要战略。

2014年8月，教育部印发《关于开展现代学徒制试点工作的意见》，制定了工作方案。

2015年7月24日，人力资源和社会保障部、财政部联合印发了《关于开展企业新型学徒制试点工作的通知》，对以企业为主导开展的学徒制进行了安排。国家发改委、教育部、人社部联合国家开发银行印发了《老工业基地产业转型技术技能人才双元培育改革试点方案》，核心内容也是校企合作育人。

现代学徒制有利于促进行业、企业参与职业教育人才培养全过程，以形成校企分工合作、协同育人、共同发展的长效机制为着力点，以注重整体谋划、增强政策协调、鼓励基层首创为手段，通过试点、总结、完善、推广，形成具有中国特色的现代学徒制度。

2015年8月5日，教育部遴选165家单位作为首批现代学徒制试点单位和行业试点牵头单位。

2017年8月23日，教育部确定第二批203个现代学徒制试点单位。辽宁石化职业技术学院成为现代学徒制试点建设单位之一。

2019年7月1日，教育部确定辽宁石化职业技术学院石油化工技术专业为首批国家级职业教育教师教学创新团队立项建设单位120个之一。2020年7月3日，齐向阳作为负责人申报的《石油化工技术专业现代学徒制人才培养方案及教材开发》获批国家级职业教育教师教学创新团队课题研究项目（课题编号 YB2020090202）。

辽宁石化职业技术学院与盘锦浩业化工有限公司校企合作，共同研讨石油化工技术专业课程体系建设，充分发挥企业在现代学徒制实施过程中的主体地位，坚持岗位成才的培养方式，按照工学交替的教学组织形式，初步完成基于工作过程的工作手册式教材尝试。

本系列教材是首批国家级职业教育教师教学创新团队课题研究项目、教育部第二批现代学徒制试点建设项目、辽宁省职业教育"双师型"名师工作室和教师技艺技能传承创新平台、盘锦浩业化工有限公司职工创新工作室的建设成果，力求体现企业岗位需求，将理论与实践有机融合，将学校学习内容和企业工作内容相互贯通。教材内容的选取遵循学生职业成长发展规律和认知规律，按职业能力培养的层次性、递进性序化教材内容；以企业岗位能力要求及实际工作中的典型工作任务为基础，从工作任务出发设计教材结构。

本系列教材在撰写过程中，参考和借鉴了国内现代学徒制的研究成果，借本书出版之际，特表示感谢。由于水平有限，加之现代学徒制试点经验不足，方向把握不准及不足难免，敬请专家、读者批评指正。

辽宁石化职业技术学院

2020 年 8 月

前言

为了进一步深化产教融合，创新校企协同育人机制，培养满足区域经济发展和石化产业转型升级需要的高素质技术技能型人才，辽宁石化职业技术学院 2017 年联合盘锦浩业化工有限公司开展现代学徒制培养石油化工技术专业人才的计划，当年获批为教育部第二批现代学徒制试点单位。

针对企业三年后拟安排现代学徒制试点专业学生在常减压蒸馏、催化裂化、延迟焦化、连续重整、加氢裂化、加氢精制 6 个车间一线岗位的实际需求，校企创新"岗位定制式"人才培养模式，构建现代学徒制试点班岗位方向多元化、学习内容模块化、课程教学一体化、通用技能专门化、岗位技能差异化的课程体系，共同研究制定人才专业教学标准、课程标准、实训标准、岗位成才标准，及时将新技术、新工艺、新规范纳入教学标准和教学内容。学院侧重于规划学生的学习与训练内容，对学生学习情况进行跟踪管理与绩效考核；盘锦浩业化工有限公司侧重于制定师傅选用标准、师带徒管理与补贴制度，并对师带徒的过程与绩效进行监督考核。校企双方经常沟通与联系，保证学习效果；推动专业教师、教材、教法"三教"改革，推进工学交替、项目教学、案例教学、情景教学、工作过程导向教学，推广混合式教学、理实一体教学、模块化教学等新型教学模式改革。

本书是首批国家级职业教育教师教学创新团队课题研究项目、教育部第二批现代学徒制试点建设项目、辽宁省职业教育"双师型"名师工作室和教师技艺技能传承创新平台、盘锦浩业化工有限公司职工创新工作室的建设成果。

本书共分 10 章，由辽宁石化职业技术学院刘小隽、盘锦浩业化工有限公司任玉贺主编。其中第 1 章（第 1、2、3 部分）、第 2～第 6 章、第 7 章（第 1～第 10 部分）、第 9 章、第 10 章由刘小隽编写，第 1 章（第 4 部分）、第 7 章（第 11、12 部分）由任玉贺编写，第 8 章由盘锦浩业化工有限公司刘占友编写。全书由刘小隽和任玉贺负责统稿。

本书在编写过程中，得到了辽宁石化职业技术学院领导老师，盘锦浩业化工有限公司王树国、马启唯、张涛、祝开鑫、郑继强、张旭等工程技术人员，化学工业出版社的支持和帮助，在此表示衷心感谢。由于现代学徒制人才培养工作还处于实践探索阶段，书中难免存在不足之处，敬请广大读者批评指正。

编者
2020 年 8 月

目录

概述

1.1 延迟焦化及其发展

1.1.1 延迟焦化

石油焦化是以重质油为原料,在高温下进行深度裂解和缩合反应的热破坏加工过程。石油焦化是石油的二次加工过程之一,也是唯一能生产石油焦产品的石油加工过程。石油焦化属于热裂化,但与常规热裂化比较,其原料的转化深度不同,石油焦化过程的原料几乎可以全部转化,从而获得轻质油,且生成大量石油焦。随着原油价格的上涨、原油变重和质量逐渐变差,焦化在渣油等重质油加工工艺中的地位和作用已被世人接受。

自 20 世纪初至今,世界各国采用的石油焦化过程主要有釜式焦化、平炉焦化、接触焦化、延迟焦化、流化焦化和灵活焦化六种类型,其中以延迟焦化工艺过程发展最快,目前已成为工业上应用最广泛的石油焦化方法,约占焦化总加工能力的 95%。延迟焦化是指将焦化原料油经过加热炉加热,迅速升温至焦化反应温度,在炉管内不生焦,而是进入焦炭塔再进行以热裂解和缩合为主的焦化反应,生产出气体、汽油、柴油、蜡油和石油焦等产品,由于反应有延迟作用,所以称之为延迟焦化。

1.1.2 我国延迟焦化的发展

随着热裂化的发展,1930 年 8 月世界上第一套延迟焦化装置在美国怀亭(Whiting)炼油厂投产,原料为渣油,设计处理能力为 $382m^3/d$,采用钢丝绳除焦,为半连续操作,一直沿用到 20 世纪 50 年代。1938 年,美国壳牌(Shell)石油公司发明了水力除焦法,1938 年 11 月第一个采用水力除焦方法的延迟焦化装置诞生。至此,延迟焦化工艺具有了连续操作的特点,极大促进了延迟焦化工艺的发展。

我国在 1942 年建设了第一套釜式焦化装置,20 世纪 50 年代以前我国焦化工艺基本采用釜式焦化和平炉焦化，生产能力小，操作不连续，轻质油品收率低，操作条件恶劣。从 60 年代起我国开始建设延迟焦化装置，国内第一套 30 万吨/年延迟焦化装置于1963 年在抚顺石油二厂建成投产，这套装置的成功投产标志着我国工业化的延迟焦化装置诞生，从此我国的延迟焦化工艺开始逐步得到发展，但焦化生产能力均维持在30 万～60 万吨/年。90 年代以后我国在焦化技术和工艺方面飞速发展，1990 年锦州石油六厂"两炉四塔"100 万吨/年延迟焦化装置建成投产，攻克了过去"一炉两塔"只能达到 30 万吨/年的难题。该装置在国内当时同类装置中规模最大，焦炭塔直径为6100mm，尺寸最大；该装置的投产标志着我国延迟焦化装置大型化的开始，同时也反映了我国延迟焦化设计制造和生产水平达到了一个历史性新高度。2000 年上海石化"一炉两塔"100 万吨/年延迟焦化装置建成投产，更是拉开了国内延迟焦化技术跨越式发展的帷幕，其焦炭塔直径达到 8400mm，成为当时尺寸最大的焦炭塔，是我国第一套"一炉两塔"形式的大型化延迟焦化装置。近年来国内的延迟焦化技术在原料的适应性、工艺流程、大型化等方面不断改进，目前国内装置规模一般为 100 万～250 万吨/年，特别是惠州 420 万吨/年"两炉四塔"延迟焦化装置建成投产后，进一步缩短了国内延迟焦化技术和国外先进技术的差距。

1.1.3　延迟焦化的发展趋势

（1）装置大型化

近年来，随着工艺技术进步，延迟焦化装置呈现大型化趋势。第一方面是生产规模大型化，其目的是在充分利用资源的条件下，以最低的投资和操作成本获得最大的经济效益；第二方面是焦炭塔大型化，处理一定量原料所需要的焦炭塔数量减少，相关切换操作频次及能耗降低，能显著提高经济效益；第三方面是实现焦化加热炉的大型化，采用双面辐射加热、在线清焦和多点注汽等技术，提高加热炉热效率，延长加热炉运行周期。

（2）装置加工灵活性

延迟焦化装置加工的灵活性主要表现在加工原料的种类多样化。目前延迟焦化装置可处理的原料约有 60 种之多，可以处理炼油厂的多种残渣物料，特别是随着原油质量变差，重质、高硫、高金属、高残炭等原油增加，延迟焦化装置在石油加工中的地位越来越重要。

（3）工艺最优化

延迟焦化装置需要进一步优化温度、压力、循环比、时间等工艺参数的控制，实现最佳的馏分油和石油焦产率之间的平衡，使焦化产品的种类和产率达到最优化，从而实现较好的经济效益。可灵活调整循环比、超低循环比以提高装置处理量，同时提高液体收率；适当缩短焦炭塔的循环周期，提高装置的加工能力。

（4）装置清洁化

由于延迟焦化装置生产出大量的固体石油焦，同时产生较多的废水和废气，此外石油焦在储存、装车和运输过程中存在较严重的粉尘污染，因此装置在吹汽、冷焦、储运等方面均需要不断改进，最大限度地减少废物排放，实现清洁生产。

1.2　延迟焦化原料

过去焦化装置原料单一，以减压渣油为主，目前焦化装置的原料呈现多样化，有超稠原油、常压渣油、减压渣油、减黏渣油、重质燃料油、煤焦油等，部分企业的沥青、油浆、污泥、废胺液和污油等也掺炼到焦化装置中进行处理，加工原料呈现劣质化趋势。截止到 2010 年，国内以减压渣油、减压渣油掺合沥青、催化油浆为原料的延迟焦化装置有 50 余套，主要以中国石化、中国石油和中海油的炼油厂为主，总加工能力约为 7000 万吨/年，平均规模为 140 万吨/年；以重质原油、重质燃料油或煤焦油为原料的延迟焦化装置也有近 50 套，主要以中国化工、地方企业、兵器工业和冶金行业的炼油厂为主，其总加工能力达到 3500 万吨/年。2012 年中国石化焦化原料的基本性质如下：密度为 950～1070kg/m³，残炭（CCR）范围为 16%～27%，硫含量（质量分数）为 2%～6%，沥青质含量最高达到 16%。

常用的焦化原料及特点如下。

① 减压渣油。减压渣油一般为＞500℃的馏分，是焦化最主要的原料。渣油一般由饱和烃、芳香烃、胶质和沥青质四个组分组成，而原油中的硫、氮、胶质和金属绝大部分也残存于减压渣油中。

② 减黏裂化渣油。减黏裂化是减压渣油的轻度液相热裂化过程，属于缓和裂化。减黏裂化使渣油中的芳烃和胶质尽可能发生裂化反应。

③ 溶剂脱沥青装置的脱油沥青。脱油沥青与减压渣油比较，碳含量高，饱和烃含量低，胶质和沥青质含量有较大增加，残炭和黏度变大，金属含量增加。

④ 催化裂化澄清油。催化裂化澄清油是指除去催化剂粉末的催化裂化油浆。与减压渣油比较，催化裂化澄清油的芳烃含量一般超过 50%，芳烃含量较高，密度大，是生产针状焦的主要原料。

⑤ 乙烯渣油。乙烯渣油是烃类热裂解生产乙烯装置的副产物。乙烯渣油中的杂原子和金属含量较低，芳烃和沥青质含量较高。沥青质反应活性高，反应速度快，单独进行延迟焦化时，容易在加热炉管中结焦，影响装置操作周期。

⑥ 炼油厂的重污油和污水处理的废渣。随着环保要求的提高，废渣处理难度越来越大，部分废渣可以送到延迟焦化装置中做原料进行生产。

1.3　延迟焦化产品

延迟焦化过程的产物主要有气体、液体和固体。焦化所用原料不同，其产品的收率

也不相同。

1.3.1　气体

　　焦化的气体产物中含有氢气、烷烃和烯烃，还含有一定量硫化氢、一氧化碳和二氧化碳等杂质。其特点是甲烷含量较高，碳四烷烃中正构烷烃高于异构烷烃。气体产物经分离能够得到干气和液化气。焦化干气一般需要经过脱硫后供加热炉做燃料使用，脱硫能避免加热炉的设备腐蚀，尤其是露点腐蚀。焦化干气也可以作制取氢气的原料。由于甲烷含量较高，氢碳比较大，氢气产率较高，因此是较好的制氢原料。另外还能够用于生产其他化工原料，例如利用焦化干气与苯发生烷基化反应可以生产乙苯，干气中的C_2组分为乙烯生产提供原料。国内焦化液化气的主要用途有两方面，一是作为民用液化气；二是经过脱硫后分馏获得丙烯、丙烷和丁烷，为化工装置提供优质原料，提高装置的整体效益。

1.3.2　液体

　　焦化装置的液体产品包括焦化汽油、焦化柴油、焦化蜡油等馏分油。一般焦化汽油的辛烷值较低，经过加氢精制后，安定性提高，但辛烷值更低，不宜作为高辛烷值车用汽油燃料，可以作为蒸汽裂解制乙烯的原料或催化重整原料的掺合组分。焦化柴油的十六烷值较高，经过加氢精制后才能作为合格的车用柴油燃料。焦化蜡油可以作为催化裂化或加氢裂化的原料组分。

1.3.3　固体

　　焦化工艺生产的固体产品是焦炭即石油焦，属于焦化过程的特有产品。石油焦按照外形和性质可以分为海绵状焦、蜂窝状焦和针状焦三种类型。

　　① 海绵状焦。它属于无定形焦炭，由含胶质、沥青质较多的渣油原料焦化所得。其外形酷似海绵，内部有很多小孔，孔间焦壁很薄，由于转化为石墨时，热膨胀系数较高，杂质含量较多，电导率低，不适合制作电极。

　　② 蜂窝状焦。它由中低等胶质、沥青质含量的渣油原料焦化所得。焦内小孔分布均匀，且呈椭圆形定向排列，有明显的蜂窝状结构，经过煅烧和石墨化以后，可以制作出合格电极。

　　③ 针状焦。它由芳烃含量较多的原料焦化所得，如催化裂化澄清油、热裂化渣油。焦的外表面有明显的条纹，焦块内部的孔隙呈细长椭圆形，定向排列均匀，焦块破裂时成针状焦片。针状焦的硫、灰分和重金属含量较低。针状焦经过石墨化以后，可以制作出高级电极，具有热膨胀系数较低、结晶度好、电导率高等特性。

　　石油焦的主要用途见图1-1。石油焦的用途不同，对其质量的要求也不相同。目前国内石油焦一般分为三级。用于炼铝、炼钢工业的低电阻电极、原子反应堆的减速剂和宇宙飞行设备中的高级石墨制品等的石油焦必须满足一级焦的要求；二级焦可用于制作一般电极和绝缘材料；三级焦可以作为冶金及其他工业燃料。

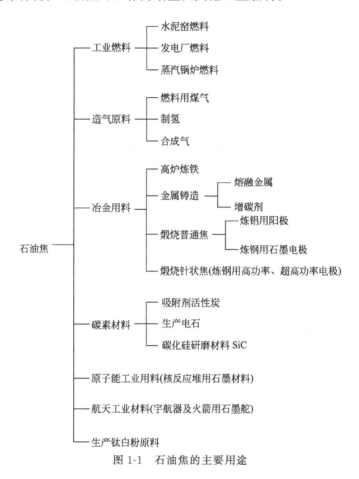

图 1-1 石油焦的主要用途

由于石油焦中的硫、水、挥发分和灰分影响电极性能，因此，石油焦产品主要应该控制硫、水、挥发分和灰分的含量。挥发分是指石油焦中的油含量，用挥发分可以直观判断石油焦的软硬。石油焦中挥发分含量高，则焦炭较软；石油焦中挥发分含量低，则焦炭硬度大；挥发分的多少不仅与原料性质和操作条件有关，还与冷焦和除焦水的含油量有关。影响石油焦灰分的主要因素是原料中的盐类含量以及工艺过程中外部带入的盐类物质，如冷焦水和切焦水溶解的盐类。影响硫含量的因素主要是原料的含硫量。原料含硫量高，则石油焦的含硫量也高。高硫原油的渣油生产的石油焦很难生产出一级焦和二级焦。石油焦冷却时，能吸附水中的 S^{2-}，引起含硫量增大，因此生产中需要定期置换冷焦水。

典型操作条件下，延迟焦化过程的产品收率范围如下：焦化气体 7％～10％；焦化汽油 8％～15％；焦化柴油 26％～36％；焦化蜡油 20％～30％；石油焦 16％～35％。

1.4 浩业焦化装置

1.4.1 浩业焦化装置工艺组成

盘锦浩业化工有限公司延迟焦化装置采用可灵活调节循环比工艺流程，循环比为0.5～0.7。本设计循环比采用0.7，设计生焦周期为24h，操作弹性为60%～110%，装置年开工时数为8400h。

延迟焦化的流程主要有两种，一种是常规工艺流程，另一种是可调循环比流程。盘锦浩业化工有限公司现有延迟焦化装置设计规模为40万吨/年，装置始建于2012年，2014年8月份竣工投产，采用一炉两塔、可灵活调节循环比的工艺流程。140万吨/年延迟焦化装置为新建装置，包括100万吨/年延迟焦化装置、40万吨/年延迟焦化装置各一套，整体为三炉四塔，其中一套为一炉两塔，另一套为两炉两塔。

延迟焦化装置根据企业生产需要设置安排工艺，一般工艺由焦化部分、分馏部分、吸收稳定部分、脱硫系统等组成。延迟焦化工艺流程框图如图1-2所示。浩业公司现有40万吨/年焦化装置包括三个部分，分别是焦化部分、分馏部分和吸收稳定部分；而140万吨/年延迟焦化装置则由四个部分构成，分别是焦化部分、分馏部分、吸收稳定部分和脱硫系统。

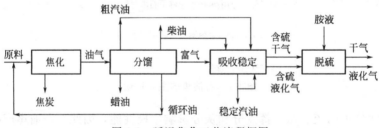

图1-2 延迟焦化工艺流程框图

1.4.2 装置主要岗位设置

浩业40万吨/年焦化装置共设有四个工艺班组、一个除焦班组。其中每个工艺班组均设有班长、内操和外操。装置按照生产工艺划分为反应岗、分馏岗和吸收稳定岗等三个岗位，因此工艺班组从人员安排上分别设置反应岗内操和反应岗外操、分馏岗内操和分馏岗外操、吸收稳定岗内操和吸收稳定岗外操。

浩业公司生产班组采取四班三倒的倒班运行方式，工作时间为早上8：00～下午4：00、下午4：00～凌晨12：00、凌晨12：00～早上8：00。装置的生产操作控制主要由班长带领内、外操协作共同完成。

（1）内操岗位职责

① 负责按工艺卡片控制各工艺参数，完成加工任务，严格控制产品质量，提高收率。

② 执行公司下达的各项安全生产、工艺管理规章制度和各项规章制度。

③ 根据车间、班长指挥，负责正确使用操作 DCS 控制系统，调整产品质量。

④ 负责装置系统的工艺操作和调整；参与装置开停工的落实工作。

⑤ 负责对两塔底液面，汽油罐水封罐界面，两塔顶压力，两塔顶温度，两炉出口温度，回流罐界面、液面，各侧线液面，进、出装置流量等进行监测。

⑥ 负责调节顶压、循环水压力；负责对蒸汽压力进行监测，即时调整注汽。

⑦ 负责调节侧线抽出；负责调节两塔各中段量使系统温度稳定。

⑧ 参与装置设备的日常维护、保养工作。

⑨ 负责水电汽风消耗控制，节能降耗。

⑩ 填写操作记录、交接班日记。

⑪ 负责电脱盐系统的生产，确保脱盐效果。

⑫ 参与装置现场卫生清理工作。

⑬ 负责上级授权处理的其他事宜。

（2）外操岗位职责

① 执行公司下达的各项安全生产、工艺管理规章制度。

② 服从班长、内操的指挥，协助内操调节工艺参数，确保装置平稳运行，发现问题及时汇报。

③ 负责看管和检查塔底液面，侧线汽提液面，回流罐界面、液面。

④ 负责调节渣油及侧线冷后温度；负责本岗位采样。

⑤ 定时定点按巡检路线巡检，及时向内操和班长汇报情况，负责现场表量记录。

⑥ 负责调节脱盐温度，控制电脱盐油水界面，防止带水冲塔、腐蚀设备。

⑦ 负责控制脱盐罐压力，防止安全阀跳闸冒油。

⑧ 负责领取化工辅料，配制破乳剂、缓蚀剂以备用。

⑨ 根据工艺需要，负责调节注水、注缓蚀剂、注破乳剂的注入量。

⑩ 根据工艺要求，产品不合格时及时转入二线或不合格线。

⑪ 负责本岗位的参与机泵、换热器等设备的投用与停用；负责本岗位机泵设备的日常维护、保养，每班对备用泵盘车一次填好各项记录。

⑫ 节能降耗和冬季防冻、防凝；责任区卫生清洁工作。

⑬ 负责上级授权处理的其他事宜。

焦化反应岗位生产操作

2.1 反应岗位工艺流程

焦化反应岗位的任务是以重质的减压渣油为原料，经过焦化反应转化成焦炭和油气混合物，焦炭作为装置的固体产品外送，油气混合物送分馏塔进行进一步分离。具体工艺流程说明如下。

自装置外来的减压渣油（120℃）先进入原料油缓冲罐 V-1201，然后由原料油泵 P-1201/A，B 抽出依次经过原料油柴油换热器 E-1203/A，B、原料油蜡油换热器 E-1204/A，B 和原料油循环油换热器 E-1211/A~D 加热后，与自分馏塔底循环油泵而来的循环油混合后进入加热炉进料缓冲罐 V-1211，经辐射泵 P-1202/A，B 送至加热炉 F-1201，加热到 500℃进入焦炭塔 T-1201/A，B。

原料油及循环油在焦炭塔内进行裂解和缩合反应，生成焦炭和油气，焦炭聚结在焦炭塔内。高温油气自焦炭塔顶至分馏塔下段，经过洗涤板从蒸发段上升进入蜡油集油箱以上分馏段，最终分馏出富气、汽油、柴油和蜡油馏分。焦化反应部分原则流程图见图 2-1。

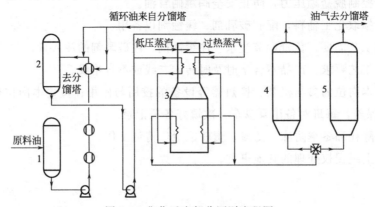

图 2-1　焦化反应部分原则流程图

1—原料缓冲罐；2—加热炉进料缓冲罐；3—加热炉；4,5—焦炭塔

2.2　原料缓冲罐及其操作

2.2.1　原料缓冲罐的作用

焦化原料首先经过原料缓冲罐，然后再经由泵抽出输送进入换热系统。装置中分别设有原料缓冲罐、加热炉进料缓冲罐，其作用相同：

①　让各种原料如渣油、油浆等充分混合均匀；

②　在原料因外系统原因中断的情况下，起到缓冲作用，避免进料泵抽空，造成装置进料中断和机泵损坏；

③　可以通过延长外来原料的停留时间，让原料中夹杂的水分充分分层脱除，避免大量明水进入装置对生产造成冲击。

2.2.2　原料缓冲罐的操作

要做好原料缓冲罐的操作，确保生产平稳顺利进行。原料缓冲罐的平稳操作主要是做好以下几方面工作。

首先要控制好原料缓冲罐的液面，防止冒罐或因液位过低造成原料泵抽空。其液面由装置进料控制阀控制，由原料进装置的流量大小来调节原料缓冲罐液位的高低。正常生产时控制液面为总量的60%～80%，液面低于控制值时增加原料进装置量，液面高于控制值时则相反。在装置原料因突发性外因引起进料中断时，需要立即降低装置负荷，赢得缓冲时间，联系生产管理部门和相关单位尽快恢复正常生产。

其次是要保持原料平衡线开度，防止轻质油混入原料造成原料泵抽空。当焦化原料中混入轻质油品后，可以通过原料罐平衡线将轻质油品闪蒸入分馏塔，避免原料泵抽空；同时当原料罐液位满时，原料也可进入分馏塔，不会引起原料罐憋压。

2.3　辐射泵及操作

辐射泵的任务是将加热炉进料缓冲罐中的原料（新鲜原料与循环油）混合物输送到加热炉进行加热。辐射泵能否正常运行直接影响着原料预热以及后续的焦化反应系统能否正常进行，因此它是焦化反应系统的重要设备之一。

2.3.1　辐射泵的操作与维护

（1）辐射泵P1202/A，B检修后电动机单试

①　清理辐射泵周围区域环境，应无任何杂物；

②　检查电动机各部件是否安装好，接地线是否准确可靠；

③ 检查轴承润滑油液位是否为液位指示的 1/2～2/3；

④ 联系仪表对电动机轴承、电动机定子的温度高报警、温度高高联锁值进行调校，确保合格；

⑤ 给电动机送电；

⑥ 对电动机转向及温升、振动、报警等逐一进行单项考核；

⑦ 记录启动电流、正常空载电流是否符合设计正常值；

⑧ 电动机试运一切正常，通知有关人员组联机泵。

（2）预热前的准备

① 检查机泵、机座地脚螺栓和联轴器是否安装完好；

② 全面检查冷却水系统的管线及附属部件，打开冷却水各路进、出口阀，检查冷却水供、回水是否畅通；

③ 按"三级过滤原则"给轴承箱加入润滑油，并保持液面在液位指示的 1/2～2/3；

④ 全面检查泵出、入口管线、阀门，测量仪表、温度计、压力表是否完好，流程是否正确；

⑤ 手动盘车，泵转子应转动灵活，无卡涩；

⑥ 全面检查封油及封油供给系统，封油的油温、油压、油质应合格；

⑦ 打开泵体排凝阀排净泵内凝液后关闭泵体排凝阀，投用封油系统对泵端封进行静压试验合格后关闭封油阀。

（3）辐射泵预热

① 按班长通知对辐射泵进行预热；

② 检查并关闭泵体各放空及排凝阀；

③ 封油系统脱水检查，稍开前后注入点阀门，用蜡油灌满泵体；

④ 逐一打开泵体各放空、排凝阀门，直到有蜡油溢出，关闭各阀门；

⑤ 缓慢打开泵入口阀门并检查各部位泄漏情况；

⑥ 检查并调整端封前后封油入口压力，前端保持 0.2MPa 左右，后端保持 0.25～0.3MPa，注入少量封油，防止端面过热及杂质沉积损坏端面密封；

⑦ 微开出口预热阀门引油进泵，对泵进行预热，注意预热阀开度，严防泵转子倒转；

⑧ 预热过程中，对泵体、端封、泵座给少量的冷却水，控制进、出冷却水温差；

⑨ 辐射泵体预热时，预热速度不大于 50℃/h，整个预热时间不得小于 3h，泵体与介质温度差小于 50℃；

⑩ 油泵开始预热时每 15min 盘车 180°，以后每 30min 盘车一次，严防跑油事故。

注意事项：注意封油阀开度，开度过大容易引起泵体内轻组分过多，开泵时容易引起抽空；开度过小容易导致机械密封腔滞留重组分，引起端封失效及重油泄漏着火，泵体排凝阀在预热前要关闭。

（4）辐射泵投运

① 在完成前述工作后，经判断介质无水和辐射泵体与介质温差小于50℃，辐射泵进料罐V1211液位达到开泵要求；

② 启动前对机泵转子进行盘车，确认转子无卡涩现象方可启动机泵；

③ 关闭泵预热阀，启动电动机，确认电动机、泵体声音正常，根据出口压力再缓慢打开泵出口阀，整个过程在3min内完成，且出口阀开度按工艺要求流量大小来控制；

④ 启运时，密切注意泵入口压力、V1211液位和泵的上量情况，严防泵体抽空；

⑤ 严格控制泵的前后端面封油的注入量，封油压力控制在比轴封密封腔内压力高0.05～0.1MPa，防止注入量过大引起泵抽空；

⑥ 待出口压力、流量、电动机电流正常后，根据生产需要，逐步开大出口阀，满足生产的正常流量；

⑦ 先对冷却蒸汽进行脱水后再投用机泵端密封冷却蒸汽；

⑧ 全面检查机泵、电动机运行情况及自保系统。

（5）辐射泵的正常操作及维护

① 保持机泵（包括泵体、联轴器罩、电动机外壳、泵座、阀门管线等）及其周围环境卫生干净、整洁；

② 严格执行备用泵盘车制度，备用泵保持泵体预热，并给好冷却水，保持电动机电阻合格，润滑油加热器常开，达到随时可以切换使用；

③ 严格执行"三级过滤""五定"制度，按规定定期更换润滑油和润滑脂并做好记录，保持辐射泵及电动机各部分正常润滑；

④ 加强辐射泵现场巡检，及时检查电动机和泵轴承润滑、振动情况，滚动轴承温度＜70℃，电动机外壳温度＜95℃，电流＜额定电流的95％，轴承振动烈度＜4.5mm/s，保持润滑油液位在液位指示的1/2～2/3；

⑤ 当蜡油系统扫线或投用相关换热设备时封油罐暂停收封油，及时了解封油罐蜡油含水情况，每班脱水一次，加强封油罐收油温度及液面检查，保证封油温度在（70±10)℃范围内；

⑥ 加强辐射泵封油系统的操作和维护，根据辐射泵入口压力变化及时调整封油注入压力，保持封油压力比入口压力高0.05～0.1MPa，当封油过滤器压差过高时及时切换清理过滤器；

⑦ 随时了解辐射泵介质组成状况、入口压力、V102液面变化，严防泵抽空；

⑧ 焦炭塔切换时，密切注意泵出口压力及流量变化，严防泵出口憋压；

⑨ 加强辐射泵现场巡检，定时检查机泵前、后端面密封有无泄漏现象；

⑩ 定时检查辐射泵冷却水系统供、回水是否畅通，若不正常应及时调节冷却水量，使回水温度不大于45℃；

⑪ 认真、准确、及时做好运行工况及有关参数的填写、记录和交接班工作。

（6）备用泵及切换

备用泵按设备管理制度规定需要定期切换。

① 检查备用泵预热情况，泵体温度与介质温度相差小于50℃；

② 检查确认轴承箱润滑油油品合格，油位在油位指示的1/2～2/3，盘车灵活；

③ 检查润滑油电动机电加热器是否处在常开位置；

④ 确认电动机、封油系统、冷却系统工作正常，通知相关人员改好流程；

⑤ 按离心泵操作规程进行切换；

⑥ 泵连续启动不得超过两次，泵的出口阀必须在电动机启动后3min内打开；

⑦ 换泵时，与其他岗位密切联系，保证泵出口压力、流量正常；

⑧ 换泵后，做好另一台泵的预热维护工作并认真做好切换记录。

（7）正常停泵

① 逐渐关闭出口阀，注意泵出口压力不得超过4.0MPa；

② 按停泵按钮，切断电源；

③ 停泵以后，继续向端面密封注入封油，冷却水系统继续循环，保证机泵各部位温度不超标；

④ 停泵后，立即盘车，每10min盘车一次，直至泵体温度降至100℃；

⑤ 当泵体温度降至100℃时，停止封油注入并按要求对泵内介质进行置换倒空处理；

⑥ 待轴承温度降至室温时，停止各部位冷却水循环。

2.3.2　事故处理

① 有下列情况之一，不准启动辐射泵：

a. 当泵体温度与介质温度相差大于50℃时；

b. 原料油介质组分过轻，泵体轻组分未排干净，泵入口压力、V1211罐液位低；

c. 封油罐液位低及封油压力未达到规定值；

d. 轴承箱内油品不合格，无润滑油或量不足；

e. 电动机系统不正常；

f. 盘车异常；

g. 相关岗位未准备就绪，无准确信号。

② 有下列情形应通告加热炉岗及班长做紧急停泵处理，并保持泵体温度：

a. 机泵发生剧烈振动，经处理无效；

b. 原料系统出现问题；

c. 泵内有异常声音；

d. 冷却水、封油、冷却蒸汽突然中断，轴承温度高温报警，经处理无效；

e. 装置发生重大火灾或设备管线破损事故,无法维持生产。

③ 岗位事故及处理见表2-1。

表 2-1 岗位事故及处理

现象	原因	处理措施
前后端面密封漏油着火;前后端面密封冒烟	①机泵振动过大或串轴严重 ②封油中断或封油压力过小,造成热油倒窜 ③密封冷却蒸汽没开或不足 ④机械密封材质不符合要求或装配不符合要求 ⑤机泵抽空 ⑥机械密封失效 ⑦ 封油、冷却蒸汽有严重泄漏	①调节封油压力大于泵入口压力0.05~0.1MPa ②检查封油中断原因,采取相应措施,保证封油注入 ③调整冷却蒸汽用量 ④联系检修人员修理 ⑤检查入口线,轻组分含量是否过高,V1211液面等情况确保入泵介质质量 ⑥冒烟时,用蒸汽保护,并汇报装置有关人员 ⑦着火不严重时,用蒸汽灭火后,汇报装置处理;着火严重时,按紧急停车处理 ⑧轴承温度上升,超过最高指标(>85℃) ⑨机泵轴承温度高报警
加热炉进料流量突然下降;泵出口压力下降;泵发出异常声音	①V1202液面过低或液面计失灵 ②泵进口管线窜入蒸汽 ③封油带水或注入量过大 ④电气故障 ⑤机泵本身故障	①联锁动作,F1201主火嘴熄火,此时加大注水量,同时炉子进料流控改手动,严防超温,视P1202处理情况,尽快恢复操作 ②将联锁改手动、复位后,迅速开备用泵,关故障泵出口阀,必要时启动蒸汽泵P1210 ③备用泵上量正常后,加热炉点主火嘴升温,恢复生产 ④气压机开大反飞动阀,防止喘振 ⑤如发现线出黑油,及时通知调度改罐 ⑥若长时间处理不好,无法维持生产,则按停工处理

2.4 加热炉及其操作

加热炉是焦化装置中使用的重要加热设备,焦化加热炉的主要任务是预热原料,为进行焦化反应提供所需的热量。生产中要控制加热炉的工艺条件,并采取一定措施避免原料在加热炉中进行反应。

2.4.1 加热炉结构

焦化加热炉为管式加热炉,结构主要由炉体、炉管和燃烧器等组成,其中炉体包括辐射室、对流室、烟囱等几个主要组成部分;为确保生产正常运行、安全、节能及操作方便,还安排有烟道挡板、吹灰器、空气预热器、防爆门、看火孔等辅助设备构件。浩业加热炉设备明细表见表2-2。

表 2-2　加热炉设备明细表

设备编号	设备名称	介质	炉管材质	规格/mm	数量	燃烧器类型	燃烧器数量	热效率
F-1201	加热炉	原料油	P9	$\phi127\times10$	112	烧气	48	87.91%，设计热负荷 19.417MW

（1）辐射室

辐射室是加热炉的核心部分，也是燃烧室，又称为炉膛。其主要作用是借助燃烧器喷出的火焰、高温烟气及炉墙把热量主要以辐射传热的方式通过辐射室炉管传给管内流动的油品。辐射室的吸热量占总吸热量的 65%～75%，而其中 80% 以上的热量由热辐射完成，其余部分由高温烟气和炉管间对流传热完成，因而辐射炉管的布置非常关键。如果加热炉的辐射室有一排或两排炉管，并且布置在炉膛中间，两面受火焰及高温烟气的辐射，称为双面辐射加热炉。由于热量沿炉管圆周分布更均匀，降低管壁的峰值温度，其性能远优于单面辐射加热炉，因此目前焦化装置多采用双面辐射加热炉。

由于焦化炉的炉管内油品重、加热温度高，炉管内非常容易产生结焦现象，因此必须保证在流速快、停留时间短、热强度高的条件下，使油品迅速达到焦化反应温度，而炉管内介质又处于气液共存的两相流动状态，因此为防止炉管内出现不良流型，引起油料因局部过热而加速结焦，一般辐射室炉管均采用水平管。由于被加热介质在炉管内壁会形成油膜，其热阻较大，如果炉管直径增大，则油膜温差随之增大，影响管内介质的升温，同时也会由于温度分布不均匀导致局部发生焦化反应。由于炉管不可避免地发生结焦现象，如果炉管直径过小，则会造成炉管压力降过大，严重时可能结焦堵死。目前，除针焦焦化炉管径较小以外，一般均采用 $\phi102\sim127$mm 直径的炉管。

一般焦化加热炉也习惯按照辐射室的不同进行分类。按照辐射室的形状划分，焦化加热炉分为立式炉、箱式炉和阶梯炉三种炉型；按照辐射管受热方式分，焦化炉可以分为单面辐射炉和双面辐射炉，双面辐射炉又基本分为两种炉型，分别是箱式炉和阶梯炉；按照辐射室内炉膛的数量可以分为单室炉、双室炉和多室炉，如果两组炉管处于同一辐射室，中间需要用火墙隔开，避免操作时互相干扰。

（2）对流室

辐射室产生的烟气从辐射室上升到对流室，对流室的主要作用是高温烟气冲刷对流室炉管，以对流传热的方式将热量传给炉管内流动的介质。降温后的烟气经烟囱排入大气，以实现烟气的热量回收，避免能量浪费，提高经济效益。为增加对流管的受热面积，提高传热效率，还常采用钉头管和翅片管。烟气离开对流室时还含有少量热量，可以用空气预热器进行热量回收，但此时需要鼓风机或引风机强制通风。

对流室采用钉头管或翅片管的部位一般需要安装吹灰器。吹灰器主要用于清除沉积在对流、空气预热器管束中的烟灰、铁锈等杂物，保持炉管有较高的传热效率。加热炉常用吹灰器分为蒸汽吹灰器和声波吹灰器。蒸汽吹灰器有固定回转式和可伸缩喷枪式两种。前者又分为手动和电（或气）动两种。固定回转式吹灰器伸入炉内，吹灰时可用手动装置使链轮回转，或开动电动机或风动马达使之回转，在炉外装有阀门和传动机构。吹灰器的吹灰管穿过炉墙设有防止空气漏入炉内的密封装置。这种吹灰器结构较简单，但由于吹灰管长期在炉内，管子易损坏，蒸汽喷孔易于堵塞，因此不如伸缩式使用方便。可伸缩式吹灰器的结构比固定回转式复杂，它的喷枪只在吹灰时才伸入炉内，吹毕又自行退出，故不易烧坏。这种吹灰器一般在高温烟气区使用。声波吹灰器技术是将压缩空气转换成大功率声波送入炉内的，当受热面上的积灰受到以一定频率交替变化的疏密波反复拉、压作用时，因疲劳疏松脱落，随烟气流带走，或在重力作用下，沉落至灰斗排出。现使用声波吹灰器基本上消除了上述两种吹灰器存在的缺点，具有吹灰操作单间易控制、吹灰设备维护方便等特点。

（3）燃烧器

燃烧器通常也称为火嘴，是加热炉提供热量的部件，气体燃料或液体燃料通过火嘴进行燃烧发热。火嘴在辐射室，其型号和数量根据炉型、燃料的种类和每个火嘴提供的热量多少进行选择。在延迟焦化装置中，燃烧器一般有燃气和油-气联合燃烧器两种，我国延迟焦化装置的燃料一般采用自产的瓦斯，在燃料瓦斯的管线上需要安装阻火器。不论使用高压瓦斯还是低压瓦斯作燃料，在正常操作时，只要在瓦斯管道内不混入空气而瓦斯又有一定压力喷出，火焰就不会回到瓦斯管道内去。但在装置开、停工时，如果瓦斯管道内存有空气，或在法兰松动及阀门失效时有空气漏入管内，有可能引起火焰回到管内，并蔓延到整个管网及设备内而引起爆炸。因此，在瓦斯管网上必须安装阻火器。在瓦斯管网上一般采用的是多层铜丝网制作的阻火器，由于铜丝网能够散热，起到降温作用，使火焰不至于再继续向另一侧蔓延。也有些装置采用水封式阻火器。随着国内环保意识的提高以及法律法规的规范要求，对加热炉烟气中氧化氮（NO_x）含量的限制也越来越严格，目前低氧化氮燃烧器逐渐占据主导地位，以降低烟气中氧化氮含量，满足环保的要求。

（4）烟囱及烟道挡板

加热炉的烟囱负责加热炉烟气集合和排放，一般放在对流室的上方。烟囱有两个作用，一是将烟气排入高空，减少地面的污染；二是当加热炉采用自然通风时，利用烟囱形成的抽力将外界空气吸入炉内供燃料燃烧。由于烟囱抽力受烟气温度、大气温度变化的影响，要在烟道内加装烟道挡板进行控制，烟道挡板的开度大小用于调节烟气阻力和保证炉膛内合适的负压。烟道挡板开度过小，炉子抽力不足，炉膛热效率降低。烟道挡板开度过大，进入炉膛的冷空气过多，炉膛热效率降低，燃料消耗增大。当燃料燃烧不充分、排烟温度过低、过剩空气系数过小时，应该开大烟道挡板。烟气中含有水蒸气、二氧化硫等酸性气体，当烟气温度降低时，容易在烟道挡板上凝结形成低温露点腐蚀。烟气运行温度过高，会形成高温氧化，因此要保持适当的烟气温度。烟气中的灰分也会沉积在烟道挡板，增加转动阻力。烟道挡板一般采用电气控制提高自动化程度，使炉膛负压得到精确控制，降低排烟温度，提高加热炉效率；同时保留手动调节手段，以备发生事故时使用。

（5）空气预热器

空气预热器是加热炉上主要的烟气余热回收装置，目前热管式和列管式空气预热器在焦化炉上运用较为广泛，且国内大部分焦化加热炉采用热管式空气预热器回收烟气余热。热管式空气预热器的结构主要包括热管束、隔板和外壳三大部分，三者组成了烟气和空气的通道，隔板将热管的蒸发段和冷凝段隔开，同时也将烟气通道和空气通道隔开。由于烟气一侧是负压（微真空），空气一侧是正压（微正压），所以隔板与热管之间的密封必须十分严密，否则空气会大量漏入到烟气中，使实际热效率大大降低。热管束是传递热量的核心，热管内部的蒸发或冷凝给热系数都很大，而外部由于是气-气式换热器，无论是烟气侧，还是空气侧，其给热系数都很小。为了强化管外传热，一般都采用翅片管。烧油时，为了便于清灰，在烟气侧通常采用片间距较大的开口翅片或钉头。热管束的安装位置有水平、倾斜和垂直三种。延迟焦化装置加热炉使用的热管式空气预热器几乎都是重力式热管，因此，只有倾斜和垂直两种安装方式，且烟气侧必须位于下部。一般倾斜式置于对流室顶，而垂直式置于地面。外壳应有隔热层，一般烟气侧为内壁衬浇注料，而空气一侧为外保温。

（6）防爆门

加热炉的防爆门是用来保护加热炉设备的。正常操作时，加热炉炉膛为负压，防爆门不起作用。当出现操作不当，炉膛内压力突然升高或发生爆炸现象时，防爆门会自动弹开并泄压，因此可以防止炉膛内压力过高，保护加热炉、炉墙内衬等，不会因超压或爆炸而造成脱落等破坏。

2.4.2　加热炉的热效率

加热炉生产能力的大小用热负荷来表示，加热炉的热负荷是单位时间传给加热介质的总热量，而单位时间内加热炉的有效热负荷与燃料供给的热量之比称为加热炉的热效率，因此，加热炉的热效率就是指加热炉对热量的有效利用率。计算加热炉热效率的方法有正平衡法、反平衡法和简便计算法等多种，一般生产中加热炉热效率计算使用简便计算法即可，简便计算法公式如下。

$$\eta = 97 - (8.3 \times 10^{-3} + q_5 \alpha)(T_烟 + 1.35 \times 10^{-4} T_烟^2) + 1.1$$

式中　η——加热炉热效率；

　　　q_5——散热损失，立式方箱炉取 3%，圆筒炉取 4%；

　　　$T_烟$——排烟温度，℃；

　　　α——过剩空气系数，表达式如下：

$$\alpha = (21 + 0.116O_2)/(21 - O_2)$$

式中　O_2——氧含量（体积分数），%，如果氧含量是 3%，则计算时取 3。

延迟焦化加热炉的能耗约占整个装置能耗的70%，因此，提高焦化炉热效率、减少燃料消耗对于降低装置能耗、提高经济效益具有重要意义。焦化炉的热效率是衡量加热炉优劣的重要指标，现代焦化加热炉一般要求热效率在90%以上，要提高加热炉热效率需要从三个方面着手，第一方面是改进燃烧状况，使燃料充分燃烧；第二方面是充分回收烟气热量；第三方面是减少炉壁的散热损失。生产操作过程中，通过控制适宜的操作参数实现提高加热炉热效率的目的，加热炉的相关操作参数包括炉膛负压、过剩空气系数和氧含量、出口温度和炉膛温度、排烟温度。对焦化炉而言，根据生产需要还应控制辐射炉管注汽或注水量等。

2.4.3　加热炉的控制参数

加热炉控制的温度、压力条件见表2-3。

表2-3　加热炉控制的温度、压力条件

设备编号	设备名称	介质	温度/℃		压力/MPa	
			入口	出口	入口	出口
F-1201	加热炉	原料油	200	500	4.0	0.33

（1）加热炉的炉膛负压

加热炉的炉膛负压一般指辐射室出口烟气的压力，加热炉必须控制一定的炉膛负压。由于加热炉烟囱内的烟气温度比外界空气的温度高得多，烟气的密度比外界空气的密度低，因此烟囱内的烟气会自然上升。当烟气上升时，在其下部会形成负压，因此具有了一定抽力，由于外界空气压力比炉内压力高，所以空气能够自动吸入炉内。烟囱抽力与烟囱高度、烟囱内高温烟气温度和密度、外界大气的温度和密度有关，烟囱抽力与烟囱高度和气体密度差均成正比，因此，烟囱越高，抽力越大；密度差越大，抽力也越大。

炉膛负压过大，进入加热炉的空气量过多，使烟气的氧含量增加，降低加热炉的热效率，且炉管氧化加剧。炉膛负压过小，进入加热炉的空气量过少，导致加热炉燃烧不完全，同样降低加热炉的热效率。浩业公司焦化炉炉膛负压控制在−20～−40Pa。

（2）加热炉的过剩空气系数和氧含量

在加热炉中，1kg的燃料完全燃烧所需要的理论空气量不能保证燃料完全燃烧，燃料必须在一定过剩空气量的条件下才能完全燃烧，燃料燃烧所用的实际空气量与理论空气量之比称为过剩空气系数。正常生产情况下，过剩空气系数总大于1，一般立式炉过剩空气系数控制在1.1～1.2。燃料燃烧形成高温烟气，烟气通过辐射将热量传给辐射炉管，此热量与高温烟气的辐射率成正比，而过剩空气系数增加导致烟气辐射率降低，从而降低辐射管传热量。实际操作中，如果过剩空气量增加，进入炉膛的空气量大，炉膛温度降低，同时增加烟气量，且排烟时大量的过剩空气将携带热量排入大气，降低加热炉热效率。过剩空气系数过大，也容易引起炉管氧化脱皮，炉管腐蚀加快。因此在保证完全燃烧的前提下，较低的过剩空气系数可以有效减少排烟时的能量损失，提高热效率。生产中，选用性能良好的燃烧器，管理好三门一板，即风门、气门、油门和烟道挡板，才能确保加热炉在合理的过剩空气系数下运转。过剩空气系数的大小，在操作过程中可以根据火焰颜色、炉膛颜色依据经验进行判断和调节。目前国内焦化炉一般在辐射室的出口设置在线氧含量分析仪，检测加热炉过剩空气量。正常生产操作时，氧含量应控制在 2％～4％。如果氧含量过高，可以适当降低入炉的风量或者关小烟道挡板开度。

（3）加热炉的出口温度和炉膛温度

加热炉的出口温度直接影响焦化反应的深度，是焦化反应中需要控制的重要指标。确定出口温度需要考虑原料性质、炉管材质、除焦环节以及焦炭质量等因素。如果原料油较重，结焦倾向增大，则加热炉出口温度应该控制得低一些，防止由于温度过高造成焦炭过硬、除焦困难，同时温度过高可能导致加热炉内结焦，影响生产。如果原料油较轻，则应该提高加热炉出口温度，避免出现软焦。对于不同材质的辐射室炉管，其表面耐受的温度不同，加热炉出口温度也不尽相同。焦炭质量中对加热炉出口温度最敏感的是焦炭的挥发分，如果挥发分过高，应该提高加热炉出口温度。除焦过程中，除焦水压力高的装置，加热炉出口温度可以控制得高一些，即使焦炭较硬也能顺利完成除焦过程。我国的延迟焦化装置一般控制加热炉出口温度为 490～505℃。

加热炉的炉膛温度一般是指烟气离开辐射室的温度，是生产中重要的工艺参数。燃料燃烧产生的热量在炉膛内通过传导、对流、辐射三种方式传给炉管内的油品，其中辐射热量占 90％左右。辐射传热量大小与炉膛温度和炉管管壁温度有关。炉膛温度过高，辐射炉管表面热强度过大，导致炉管管壁温度升高，炉管容易结焦。同时进入对流室的烟气温度也随之升高，对炉管造成不良影响，甚至变形烧坏。炉管产生结焦时，炉管传热效率降低，要达到要求的炉出口温度必须提高炉膛温度，造成恶性循环。因此，在生产过程中，也要严格控制。一般立式炉炉膛温度为 800～850℃。

（4）加热炉的排烟温度

从加热炉烟囱排出的烟气组成有二氧化碳、水蒸气、二氧化硫、氧、氮以及不完全燃烧产生的一氧化碳和氢气。

加热炉的排烟温度一般由炉管内所加热的介质温度来确定，排烟温度要高于进入炉管的介质温度才能进行对流传热。排烟温度越高、烟气与被加热介质温差越大，加热炉对流室的炉管尺寸和数量越少，但是加热炉的能量回收减少，热效率会降低。

当加热炉使用余热回收系统时，最低排烟温度的确定还需要考虑低温露点腐蚀的限制。燃料中的硫燃烧时生成二氧化硫，其中少量二氧化硫会进一步氧化成三氧化硫，三氧化硫与烟气中的水蒸气结合成硫酸。含有硫酸蒸气的烟气露点大为升高，当受热面的壁温低于烟气露点时，在受热面上凝结成液体，对壁面产生腐蚀，称为露点腐蚀。加热炉的空气预热器和烟道容易发生露点腐蚀。

焦化炉是炼油厂中除常减压炉之外有效热负荷最大的管式加热炉，提高焦化炉热效率在炼油厂中受到普遍重视。理论上讲，在确保燃料完全燃烧的基础上应尽量减少过剩空气，在确保炉管不发生露点腐蚀的条件下尽量降低排烟温度并提高空气入炉温度，均能使加热效率增加。

以空气预热器为核心内容的节能措施在焦化炉设计及改造环节中都得到了体现，一般焦化炉排烟温度已降到了180℃以下，空气入炉温度已可达到250℃左右。过剩空气系数高不仅使排烟量激增，还会导致炉管氧化腐蚀，由于气体燃料容易与空气混合，因此对一般烧气火嘴，过剩空气系数维持在1.1～1.2（氧含量为2%～4%）时，即能保证充分燃烧。除看火门、人孔门、防爆门等处漏风外，对于低烧单面辐射型加热炉，弯头箱内回弯头处的空气量也不容忽视。在确保燃料完全燃烧的前提下，将控制过剩空气系数作为主要手段正在引起生产操作管理者的注意，焦化炉的热效率已可达到92%以上。

焦化炉燃料消耗受到焦化循环比大小的影响。循环比越大，焦化炉的有效负荷越大。对于正在运行的焦化炉而言，从理论上讲有效负荷增加，会导致排烟温度增加，焦化炉的热效率将会降低，焦化炉的燃料单耗将会升高。炉管结焦同样影响燃料消耗，炉管结焦后会导致排烟温度上升。排烟温度上升15～20℃，焦化炉热效率将下降1%。产能为$1.0×10^6$t/a的延迟焦化装置加热炉热效率下降1%，就意味着每年多消耗200～300t标油。

（5）辐射炉管注汽或注水量

目前我国焦化炉冷油流速平均为1.26m/s，发达国家冷油流速规定大于2.1～2.2m/s。辐射炉管注汽或注水，可以增加管内介质的流速，缩短停留时间，是防止加热炉的炉管结焦的重要手段之一。辐射炉管注水一般是注在渣油入口的位置，并且一侧炉管只有一个注水点。注水进入炉管后，液体水吸热汽化，体积迅速膨胀，大大增加油品在炉管中的流速，因此能够减缓炉管结焦，延长焦化装置开工周期。但是炉管注水后吸收热量大，1kg35℃的水加热到500℃，需要的热量为3347kJ。如果注水量是1500kg/h，则需要5020.5kJ的热量。因此，加热炉注水量增加，在其他条件不变时，需要提高炉膛温度，增加了加热炉的负荷，影响加热炉的处理量。

近年来，新的加热炉多采用多点注汽，由于注入水蒸气，本身温度较高，所以在加热炉内吸收热量较少，不会大幅度增加加热炉的负荷，同时多点注汽可以根据原料性质等灵活调节各点的注汽量。在同等注汽量下，采用多点注汽时物料流经炉管时的压力降低，从而降低炉入口压力，也降低加热炉进料泵的轴功率。在介质面临峰值热强度的部位注入水蒸气，可以提高该部位物料流速，从而降低有膜厚度和温度，强化管内传热效果。注水、注汽量的大小与焦化原料性质、处理量、设备负荷等有关，一般为辐射管内物料流量的2%左右。浩业焦化装置生产中采取注水的工艺方法，注水量约为1500kg/h。

注水或注汽量不合适，将造成炉管结焦。结焦后的炉管管径变小，物料流动速率增加，压力降增大，在进料量一定的前提下，注水的压力必须提高，因此，生产中可以根据注水压力上升的速度一定程度上作为判断炉管结焦程度的依据。目前国外焦化加热炉设计几乎都采用多点注汽，并且注入量比国内略低。

2.4.4 加热炉的操作

根据加热炉的控制参数要求，浩业焦化加热炉的正常操作要点归纳为以下几个方面。

① 控制好辐射流量，注意分支量分配，要确保平稳，减少波动，努力提高加热炉热效率。

② 炉膛温度控制不大于800℃，要保持每个火嘴燃烧完全，炉膛明亮，各点温度均匀。

③ 要防止脱钩，管架变形，炉管局部过热、弯曲、氧化剥皮等现象发生，努力提高加热炉管的使用寿命。

④ 注意炉管出入口压力变化。分析影响因素，判断炉管结焦情况，以便及时采取措施，保证长周期运行。

⑤ 调节好烟道挡板，保证炉膛有合适的抽力，控制好炉膛负压值为 $-20 \sim -40Pa$，调节好火嘴、风门、烟道挡板，保证各火嘴燃烧完好，做到多火嘴、短火焰、齐火苗，努力降低燃料消耗。

⑥ 注意对烟道气的观察与化验分析数据，控制好烟气含氧量为2%～4%，努力提高加热炉的热效率。

⑦ 控制好烟气出口温度为140～160℃，防止预热器露点腐蚀。

⑧ 加强燃料气分液罐的定期排油、脱水。

⑨ 定期检查长明灯燃烧情况，保证正常燃烧。

2.4.4.1 点火操作

（1）准备工作

① 设备检查完好。重点检查防爆门、烟道挡板、蝶阀等的完好情况，炉膛是否干净无杂物，炉底人孔是否已封好等。

② 检查消防器材是否完好。消防蒸汽应畅通，并接好消防蒸汽皮管等。

③ 准备好点火用具。

④ 烟道挡板打开1/2。

⑤ 用蒸汽吹扫炉膛至烟囱冒白气，赶净炉内易燃气体，以防出现闪爆，吹扫时间 >15min，分析可燃气含量<0.2%。

⑥ 先对高压瓦斯系统进行 N_2 置换并分析可燃气含量<0.2%，瓦斯氧含量<1%后方可引至炉前点火。

⑦ 点火过程注意防止回火，一次点火不成功需用蒸汽吹扫炉膛并分析可燃气含量

＜0.2％后方可再次点火。

⑧ 加热炉过热蒸汽线引入蒸汽。引补充蒸汽，控制好压力后进过热蒸汽管线，在过热蒸汽段炉后消音器处放空。

（2）点火操作

① 在加热炉自然通风时，将烟道挡板打开1/3，各火嘴通风门关小。

② 联系仪表启动加热炉出口温度控制表及各点温度记录等仪表，控制好燃料气压力。

③ 关好瓦斯阀，关小火嘴前蒸汽阀，把长明灯从火盆取出，检查各连接部分是否牢固、喷嘴是否畅通，调小长明灯风门，点着火棒放在长明灯端部，然后慢慢打开瓦斯阀，点着火后调整风门及瓦斯开度至火焰大小适合，即可装回火盆。如果瓦斯阀开后点不着或火焰不正常应立即关闭瓦斯阀，熄灭点火棒，然后检查原因，处理好后再重新点长明灯。待长明灯燃烧稳定后，可点火嘴。

（3）火嘴点不着的原因及调节办法

火嘴点不着的原因及调节办法见表2-4。

表2-4　火嘴点不着的原因及调节办法

原　　因	调节办法
第一个火嘴点不着，可能是炉膛抽力大	关小烟囱挡板或风门
瓦斯带水	加强脱水
燃料气总压力或火嘴前燃料气压力低	适当提高燃料气总压力

2.4.4.2　火焰的调节

（1）火焰调节标准

① 操作正常时，炉膛各部温度在指标范围以内，以多火嘴、短火焰、齐火苗为原则。

② 燃烧正常时，炉膛明亮，火焰呈淡蓝色、清晰明亮、不歪不散为佳。

③ 严禁火焰调节过长，直扑炉管或炉墙。

（2）火焰调节方法

① 火焰呈黄红色，飘散且大，炉膛发暗。

原因：瓦斯量过大，空气量小。

调节方法：应减小瓦斯量，加大风量。

② 火焰发白、过短、跳动不稳。

原因：瓦斯量小，空气大。

调节方法：应加大瓦斯量，减小风量，适当关小烟道挡板。

③ 火焰偏斜。

原因：火嘴安装不正，瓦斯、风偏向一侧。

调节方法：调整火嘴角度或垂直度，减小偏向一侧的瓦斯和风量。

④ 火焰长、软、呈红色，炉膛不明，冒黑烟，炉膛温度上涨。

原因：瓦斯严重带油。

调节方法：加强瓦斯罐脱油。

2.4.4.3　烟道挡板的调节

（1）调节原则

① 根据炉膛的负压值大小，调节烟道挡板的开度，使炉膛负压为−20～40Pa。

② 根据火焰燃烧情况、排烟温度，来调节挡板开度。

（2）调节方法

① 若炉膛负压值太大，则关小烟道挡板。

② 若火焰燃烧不好，排烟温度过低，过剩空气系数太小，则开大烟道挡板。

2.4.4.4　炉出口温度的控制

炉出口温度受辐射进料量、入炉压力、炉膛温度、注水量的变化影响，应使上述各参数平稳，确保炉出口温度维持在要求范围内，如表 2-5 所示。

表 2-5　各参数变化的原因和调节方法

参数类型	原因	调节方法
辐射进料量的变化	a. P1202 流量不稳 b. 注水量波动 c. 各点注水量分布不当 d. 控制仪表故障	a. 检查辐射入口过滤网的压差，或检查封油是否带水或带轻组分，及时检查备用泵预热状况，并查明流量不稳原因，用出口阀调稳流量 b. 稳定注水量 c. 适当调整各点注水流量 d. 联系仪表操作人员进行处理，并改手动操作
入炉压力的变化	a. 辐射流量变化,注汽量变化 b. 炉出口温度变化 c. 炉管结焦、烧穿、弯头泄漏 d. 仪表失灵	a. 调稳入炉流量、注水量 b. 调整好炉出口温度 c. 对炉管结焦等应请示调度，并按规程进行处理 d. 及时联系仪表进行处理
炉膛温度的变化	a. 燃料气压力变化 b. 辐射量及温度的变化 c. 火嘴燃烧不好 d. 炉出口压力变化 e. 外界气温、风向、风力变化 f. 仪表指示不佳 g. 炉管烧裂 h. 瓦斯带液	a. 检查瓦斯系统,使瓦斯压力平稳 b. 控制好辐射流量和分馏塔底温度 c. 查明火嘴燃烧不好的原因(配风、烟道挡板的开度等),对症处理 d. 查明炉出口压力变化原因,使出口压力平稳 e. 对于外界的影响,操作上应及时进行调整 f. 仪表问题,联系仪表操作人员进行处理 g. 按停炉处理 h. 加强瓦斯罐的脱液
注水量的变化	a. 辐射流量变化 b. 注水泵的问题 c. 仪表失灵导致测量不准或调节阀故障	a. 使辐射流量平稳 b. 及时联系机修处理 c. 联系仪表操作人员进行处理
燃气性质的变化	瓦斯变轻或变重	根据炉出口温度及火嘴燃烧情况调整操作

2.4.4.5　炉管结焦的判断

（1）结焦原因

① 火焰长短不齐或直扑炉管，炉管受热不均匀，造成局部过热。

② 辐射量和注水量大幅度变化，炉管内流速大幅度降低。

③ 原料性质变化，残炭值高。

④ 仪表指示不准，炉出口温度偏高。

⑤ 两路进料分支偏流。

⑥ 因突发事故装置紧急停工，由于系统蒸汽压力低，炉管吹扫不彻底或熄火与切断瓦斯的顺序有错。

⑦ 控制及指示仪表假象，造成判断错误。

（2）炉管结焦的判断方法

① 炉管由粉红色逐渐变黑，甚至脱皮出现斑点，炉膛耐火砖、吊架由暗红变白。炉管是否结焦可以用肉眼看出，炉管结焦一般可以根据炉管表面颜色不一样来判断。有结焦的地方，由于焦炭、盐垢的传热系数小而使炉管表面温度高，颜色呈暗红色，或者黑得发亮，或者有一些灰暗的斑痕；而其他地方的炉管则呈黑色。发现这种现象时，就要注意观察、多检查，在保证正常生产的前提下，把结焦的炉管周围火嘴的火焰适当调小，防止结焦继续发展。生产中可以具体根据以下现象判断炉管是否结焦。

② 炉出、入口压差增大，入炉压力上升。

③ 出口温度热偶指示偏低，反应迟缓。

④ 操作条件不变，炉膛温度显著升高，炉出口温度提不上去。

⑤ 燃料耗量增加。

⑥ 管壁温度明显升高。

（3）结焦后的操作

① 加强火焰的调整，严禁炉膛温度超高。

② 参考焦炭塔出入温度，油气入分馏塔温度，适当降低炉出口温度。

③ 在保证炉膛不超温的情况下，降量或降循环比维持生产，适当提高注汽量。

④ 若采取措施后，仍不能维持生产，可请示上级停炉烧焦。

2.4.4.6　加热炉清理火嘴的规定

① 清理火嘴前，与主控联系（说清准备关闭的火嘴、两只火嘴还是三只火嘴），然后才能关闭燃料气手阀。

② 拆卸火嘴选用防爆工具，避免产生火花。

③ 拆下来的火嘴先倾倒看是否存有焦粉、铁锈、杂质。

④ 用一字螺丝刀刮蹭火嘴内壁，选用适合火嘴燃料气孔的细铁线试通，再倾倒一次，保证火嘴内无杂质。

⑤ 管线试通时：人站在上风向，管口对准下风向，不能对人。微开燃料气球阀

（与主控联系，不能开过大，避免单支火嘴燃料气压力波动，造成炉出口温度波动），观察管口吹出燃料气是否携带杂质，如没有杂质，关闭球阀；如有杂质，先关闭再打开球阀，往复几次，直至杂质清空（管口不能用非防爆工具磕碰、敲击，防止火花和内漏发生事故）。

⑥ 回装火嘴一定注意角度，不能上偏和反方向。

⑦ 给燃料气前，与主控联系，然后开至关闭前的开度，根据火焰燃烧情况调整配风、燃料气大小。

⑧ 注意事项：火嘴清理前后与主控联系，主控及时调整，避免炉出口温度、燃料气流量大幅度波动；在整个过程中保证不伤害自己、不伤害他人、不被他人伤害。

2.4.4.7　加热炉清焦

由于焦化生产中加热炉连续运转，同时重质原料油在加热炉中被加热到较高温度，原料油不可避免地在炉管内产生一定量的结焦现象，结焦达到一定程度时根据生产工艺要求必须进行清焦处理。

（1）加热炉在线清焦

在线清焦法是指在焦化加热炉不停炉的条件下，对多管程加热炉中某一列管程进行蒸汽清焦，利用炉管金属和焦垢的热膨胀系数不同，通过大幅改变蒸汽量和管壁温度使焦层剥离，达到清焦的目的。

（2）加热炉烧焦

加热炉烧焦的原理是利用向炉管中交替通入空气和蒸汽的方法，使炉管内的结焦层燃烧掉，并通过蒸汽吹扫出炉管；同时由于烧焦时炉管温度较高，蒸汽吹扫时炉管温度下降，有利于焦层从管壁上剥落。

（3）加热炉机械清焦

机械清焦是利用高压水泵产生的水压将清焦球推入结焦的管道内，清焦球作为除垢工具在炉管内来回运动，通过清焦球表面附带的螺钉状金属物对管道内壁做机械摩擦，将附着在管壁上的结焦、污垢等除掉。

2.4.5　鼓风机操作

（1）启动前的准备工作

① 将风机周围清扫干净；

② 检查风机的地脚螺栓是否紧固；

③ 检查风机各部件、零件是否齐全；

④ 检查风道系统是否畅通无阻，风机的入口调节是否灵活好用；

⑤ 检查电机转向是否正确；

⑥ 风机盘车，检查风机转动部分与固定部分有无碰撞和摩擦现象；

⑦ 检查风机的润滑情况，向润滑部位加足合格的润滑油。

（2）正常操作

① 关闭风机的入口调节门，打开各火嘴风门；

② 按启动电钮，注意电流表指示，检查风机运行情况，有无异常声音，如有不正常情况立即停机检查；

③ 风机转速达正常后，逐渐调节风机入口调节门，直到正常为止。

（3）风机的正常维护

① 经常检查风机的运行情况有无异常；

② 检查风机是否超额定电流；

③ 检查各轴承温度是否超过 65℃；

④ 检查润滑情况，定期补油；

⑤ 检查风机各部螺栓及基础地脚螺栓有无松动现象；

⑥ 搞好设备及环境卫生；

⑦ 按时按要求做好风机的运行记录。

2.5 焦炭塔及其操作

焦炭塔是焦化装置的核心设备，不同于一般的塔设备，它是焦化装置的反应器。焦炭塔为原料提供焦化反应的场所，同时储存反应生成的固体产物焦炭。

2.5.1 焦炭塔的结构

焦炭塔结构简单，焦炭塔示意图如图 2-2 所示，内部没有塔板等内构件，塔体没有人孔，是一个大的直立圆柱形压力容器，材质一般为 Cr-Mo 钢和不锈钢复合板，具有良好的耐热强度和抗腐蚀性。

焦炭塔顶部是球形或椭圆形封头，焦炭塔上封头开有除焦口、油气出口、放空口以及泡沫小塔口等管口；下部为 30°斜度锥体，锥体下端设有用于除焦和进料的底盖。部分焦炭塔的侧壁筒体上设有循环预热用的瓦斯进口。在塔体外表不同高度安装 1～4 个料位计用于测量料位，以便观察焦炭层和泡沫层位置，有助于及时注入消泡剂和停止工艺进料。焦炭塔设有保温，通常采用玻璃纤维或复合硅酸盐等材料。如果保温不好，导致油温降低，液体收率下降，甚至局部不能生焦；且保温不好将导致塔体温差应力变化，存在焦炭塔塔体变形开裂等隐患。焦炭塔下部进料口接管有三种不同结构形式，即从侧面进入、水平并呈向上倾斜方向进入以及轴向进入。如果原料油轴向进入，

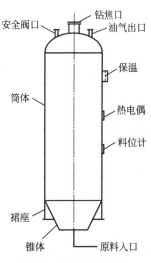

图 2-2 焦炭塔示意图

则进料口的短管设在底盖中心垂直向上，使设备加热均匀，焦炭塔操作可靠性强，不易变形。目前国内焦炭塔多采用轴向进料。

由于焦化生产过程的特殊性，一般焦化装置的焦炭塔成对出现，为减少加热炉的阻力和热损失，在平面布置上要求焦炭塔紧靠加热炉。焦炭塔的塔径是根据允许的油气气速和焦炭塔内油气流量并结合原料性质、操作压力等确定的。焦炭塔的单塔处理量越大，要求焦炭塔的直径越大。国内过去建设的焦炭塔直径一般为5400～6400mm，高径比一般为3～4，随着装置的大型化，焦炭塔也随之大型化，目前焦炭塔的标准直径可达8200～8500mm，最大直径已经达到12200mm，最近建设的焦炭塔高径比一般为2～3。装置处理量较大，采用一炉两塔使焦炭塔的直径和高度都过大时，改为采用两炉四塔甚至三炉六塔更合适。浩业公司焦炭塔直径分别为6100mm、8800mm。

焦炭塔两台为一组，其中一台进行反应生焦时，另一台处于除焦阶段，因此，焦化生产过程对于单一焦炭塔而言是间歇操作，对于装置而言仍然是连续性生产操作。生产中，首先向一个焦炭塔进料，经过反应生成的焦炭在该焦炭塔内沉积，当焦炭高度达到规定要求时，焦炭塔停止进料，原料切换到另一焦炭塔内进行生焦，通常把正常进料进行焦化反应的焦炭塔称为生产塔。切断进料后需进行冷焦、切焦和预热等处理的焦炭塔称为处理塔、冷焦塔或老塔。经过除焦后，等待进行进料生产的空塔称为新塔。

焦炭塔设计压力一般为0.2～0.8MPa，操作温度为440～495℃。在生产过程中，焦炭塔的操作温度频繁变化，生焦过程中温度基本稳定，除焦过程中则是先降温后升温。生焦周期越短，温度变化越快。

2.5.2 焦炭的生成过程

从加热炉辐射室出来的500℃原料油，经过四通阀进入一个焦炭塔底部。在塔内适宜的压力、高温和停留时间下，原料油在焦炭塔内进行复杂的裂解和缩合反应，生成焦

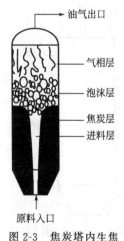

图 2-3 焦炭塔内生焦生成示意图

炭和油气，缩合生成的焦炭停留在塔内，并由塔壁向中心扩展，中心处形成进料通道，在焦炭层以上为主要反应区域，该部分称为泡沫层（区）。泡沫层分为油相泡沫层和气相泡沫层，气相泡沫层在上部，密度较小，为30～100kg/m^3。油相泡沫层在气相泡沫层以下、焦炭层以上，其密度较高，为100～700kg/m^3。焦化反应温度指的是泡沫层温度，一般为460～480℃，生焦率越高，泡沫层温度越高。焦炭塔内生焦生成如图2-3所示。

随着原料的连续加入，产生的焦炭逐渐增加，焦炭塔内的焦炭层增高，泡沫层随之升高。当焦炭高度达标后，停止进料，进入焦炭处理阶段。焦炭在塔内沉积的同时，生成的高温油气经由焦炭塔顶部进入分馏塔，由于泡沫层是反应区，因此生产中不希望正在进行焦化反应的泡沫层被油气带到焦炭塔顶的油气管线和

后续的分馏塔，否则将导致管线结焦和分馏塔内部结焦，从而影响生产正常进行，也会对产品质量产生不良影响。为了减少这一问题的出现，需要控制焦炭塔内油气的允许气速。国外焦炭塔内不注入消泡剂时，一般允许的气速为 $0.11\sim0.17\mathrm{m/s}$，在使用消泡剂时正常设计气速为 $0.12\sim0.21\mathrm{m/s}$。国内焦炭塔内气速通常为 $0.09\sim0.19\mathrm{m/s}$，建议气速不大于 $0.15\mathrm{m/s}$。

除了根据料位计判断焦炭层和泡沫层位置以外，根据焦炭塔塔壁温度的变化基本上也可以判断焦炭层、泡沫层的位置，该测量措施在国内外也得到普遍应用。根据焦炭塔内不同的反应模式，泡沫层的塔壁温度最高，焦炭层由于焦炭的隔热作用，塔壁温度比进料温度低。气相层由于气体的温度低且传热的效果较差，导致塔温比反应区温度还低。根据不同点塔壁温度的变化，由低到高再到低来确定泡沫层到达的位置点。另外塔壁测温点的设置对焦炭塔的吹汽、给水、油气预热过程也有一定的指导作用。

2.5.3 延迟焦化反应

延迟焦化、减黏裂化和热裂化等热加工工艺过程的反应机理基本相同，只是反应深度不同。热转化过程一般包括两种反应：大分子烃的链断裂生成小分子烃（裂解反应）；部分链断裂生成的活性分子又转化生成更大的分子（缩合反应）。前者为吸热反应，后者为放热反应。延迟焦化过程使用的是渣油等重质原料，它们的组成复杂，是各类烃和非烃的复杂混合物，除了烃类之外，还有胶质、沥青质以及碱金属、重金属、氮化物等杂质，所以其热转化反应是深度裂解和缩合反应的综合热过程，机理十分复杂。烃分子转化是从高温下键能较弱的化学键断裂生成自由基开始的，因此焦化反应属于自由基反应。

2.5.3.1 反应

在受热时，首先反应的是那些对热不稳定的烃类，随着反应的进一步加深，热稳性较高的烃类也会进行反应。

（1）烷烃的热反应

烷烃的热反应主要有两类，C—C 键断裂生成小分子烷烃和烯烃，C—H 键断裂生成碳原子数不变的烯烃和氢气。两类反应均为强吸热反应。由于 C—H 键的键能比 C—C 键的键能大，因此从热力学上，500℃ 左右条件下，烷烃的脱氢反应比断链反应难进行。随着烷烃分子增大，烷烃中 C—H 键和 C—C 键的键能都呈下降趋势，热稳定性逐渐下降，热反应更容易进行。

（2）环烷烃的热反应

环烷烃的热稳性比烷烃要高，主要发生开环和侧链断裂两类反应。带长侧链的环烷烃，在加热条件下，首先是断侧链，然后才开环。而且侧链越长，越易断裂，断链的速度越快，断下来的侧链反应与烷烃相似。

单环环烷烃的脱氢反应在约 600℃ 时才能进行，但是双环环烷烃在 500℃ 左右就能进行脱氢反应，生成环烯烃，进而脱氢生成芳烃。在高温（575～600℃）下五元环烷烃可裂解成为两个烯烃分子。除此之外，五元环的重要反应是脱氢反应，生成环戊烯。六元环烷烃的反应与五元环烷烃相似，唯脱氢较为困难，需要更高的温度。六元环烷烃的裂解产物有低分子的烷烃、烯烃、氢气及丁二烯。

多环环烷烃受热分解可生成烷烃、烯烃、环烯烃及环二烯烃，同时也可以逐步脱氢生成芳烃。

（3）芳烃的热反应

芳烃是各种烃中最稳定的一种。一般条件下，芳烃不会发生断裂，但在较高的温度下能够进行脱氢缩合反应，生成环数较多的芳烃，逐渐转化为稠环芳烃，直至生成焦炭。缩合程度越大，含氢越少，因此生成的焦炭属于氢含量很少的稠环芳烃。

带侧链的芳烃在受热条件下，能够发生断侧链反应，侧链越长越易脱掉，而甲苯是不进行脱烷基反应的。侧链的脱氢反应，也必须在很高的温度下才能发生。

（4）烯烃的热反应

虽然直馏原料中几乎没有烯烃存在，但其他烃类在热分解过程中都能生成烯烃。烯烃在加热条件下，可以发生裂解反应，其碳链断裂的位置一般发生在双键的 β 位上，反应生成烯烃和二烯烃。在温度不高时，烯烃缩合生成高分子叠合物的反应较裂解反应更快，生成高分子叠合物也会发生裂解反应。

总之，烃类在加热条件下主要发生两类反应，一类是裂解反应，即大分子裂化为小分子的反应；另一类是缩合反应，使产品中存在相当数量的高沸点大分子缩合物，以至焦炭，缩合反应主要是在芳烃及烯烃中进行的。裂解反应是依照自由基反应机理进行的，为吸热反应，缩合反应为放热反应。由于裂解反应占主导地位，因此，烃的热转化反应通常表现为吸热反应。

（5）胶质的热转化

胶质在受热过程中主要进行两个方向的反应，一是裂解生成气体、馏分油、饱和分和芳香分，二是缩聚为沥青质进而生成焦炭。胶质在热转化反应的初期基本不生成焦，随着反应温度升高，胶质的侧链断裂反应以及环系的缩合反应逐渐加剧。

（6）沥青质的热转化

在重质油的热转化过程中，沥青质是焦炭的前身，芳香分和胶质都是通过转化为沥青质后才生成焦炭的。

减压渣油热反应历程如图 2-4 所示。

2.5.3.2　反应的影响因素

延迟焦化反应的影响因素主要有原料性质和温度、压力、循环比等工艺操作条件。

（1）原料性质

延迟焦化作为一种热加工过程，虽然常规的延迟焦化原料是减压渣油，但适合焦化生产的原料具有多样性，各种原料的性质不尽相同，极大影响焦化产品的分布。焦化原料的残炭量、含硫量及密度等均对焦化反应结果产生影响，其中最重要的指标是残炭。

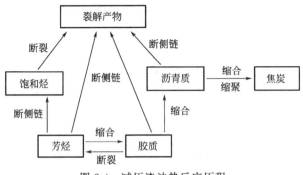

图 2-4 减压渣油热反应历程

残炭（carbon residue）是指石油产品在规定条件下经过蒸发和热解后形成的炭质残余物。它是一种可以进一步热解变化的焦炭，残炭值以试样的质量分数表示。对焦化原料，生产中常用康氏法测定残炭值。原料的残炭值较高，则焦炭、气体收率提高，而液体收率下降，反之亦然。R. Maples 根据 60 多组传统焦化产品分布数据，得到焦化产品收率和原料中康氏残炭值（CCR）的关联式，焦化产品收率近似关系可以用如下公式表示。

$$焦炭收率(\%)=1.64CCR$$
$$气体收率(\%)=4.07+0.28CCR$$
$$馏分油收率(\%)=100-焦炭收率-气体收率$$

也有人将生焦率和原料的残炭值之间的关系用以下公式表达。

$$W=1.6K$$

式中，W 为生焦率；K 为原料的康氏残炭值。

如果以直馏渣油为原料进行延迟焦化，利用原料的残炭值预测生焦率，还可以使用如下的关联式。

$$生焦率(\%)=aCCR+b$$

式中，a、b 为经验常数，$a=1.66$ 时，$b=2$；$a=0.85$ 时，$b=10$。

总之，根据上述经验表达式可知，焦炭的收率与焦化原料残炭值的关联性很好，成正比关系。虽然不能准确测出特定原料油在焦化过程中的生焦量，但在实际生产中可以根据原料的残炭值预测生焦倾向，估计装置在一定时间内的生焦量，控制生焦高度，为生产操作奠定基础。

如果原料中硫含量高，则产品中含硫量上升，其中 60% 的硫将进入焦化气体产物和石油焦中，5% 留在汽油中，剩余 35% 的硫含在其他馏分油中，影响焦炭质量，使后续气体脱硫过程的负荷加大。由于更多的硫进入气体和固体产物中，则对馏分油而言，延迟焦化对其起到了一定的脱硫作用。原料中 75% 的氮进入焦炭中，因此延迟焦化也起到了一定脱氮的作用。原料的密度与残炭变化的影响趋势基本一致，但是密度增大，会影响原料泵的排量，严重时影响装置的处理量。

（2）反应温度

反应温度一般是指焦化加热炉出口温度或焦炭塔温度，是延迟焦化装置的重要操作指标。加热炉出口温度高，则焦炭塔操作温度高。温度变化直接影响炉管内和焦炭塔内的反应深度，从而影响产品分布和质量。

当压力和循环比一定时，提高焦炭塔温度将使气体、汽油和柴油收率增加，蜡油、焦炭收率降低，但馏分油总收率增加。挥发分是焦炭的重要指标，生产中一般控制在6%～8%，生产中用焦炭塔温度控制挥发分含量，提高焦炭塔温度，使焦炭的挥发分下降，焦炭的质量提高。反应温度过高，反应深度过大，气体收率上升，容易造成泡沫夹带并促进弹丸焦的生成，焦炭硬度增大，除焦困难。同时温度过高，会造成加热炉炉管和转油线结焦倾向增大，影响操作周期。如果焦炭塔内温度过低，焦化反应不完全，则容易导致产生软焦或沥青。

为了防止焦炭塔顶油气管线结焦以及焦炭塔泡沫层带入分馏塔，还需要控制焦炭塔顶温度，一般的焦化装置中焦炭塔顶的温度都要控制在430℃以下，目的是防止塔顶油气管线结焦。而从塔顶出来的反应生成的高温油气温度远高于这一温度，生产中采取在塔顶注入急冷油的措施，使塔顶油气温度迅速降低。急冷油一般常用的是蜡油，蜡油通过分布口均匀注入，防止偏流影响急冷效果。焦化装置由于受设备材质等影响，操作温度的可调节范围比较窄，我国延迟焦化装置加热炉的出口温度一般控制在490～505℃，浩业公司根据原料性质确定加热炉出口温度为（497±2）℃，焦炭塔顶的温度控制在（420±2）℃。

加热炉出口温度对焦化产品产率的影响见表2-6。

表2-6　加热炉出口温度对焦化产品产率的影响

项目		加热炉出口温度/℃			
		493	495	497	500
处理量/(t/h)		859	810	803	875
循环比		0.80	0.91	0.95	0.72
焦炭塔进口温度/℃		482	484	487	492
焦炭塔出口温度/℃		432	435	440	440
产品产率/%	气体	6.4	7.5	7.7	8.1
	汽油	15.9	16.8	17.0	17.0
	柴油	26.2	28.8	20.2	30.2
	蜡油	20.1	17.8	17.5	16.4
	抽出油	3.1	3.1	3.2	3.0
	焦炭	26.4	25.6	24.9	24.8
	损失	0.4	0.4	0.5	0.5

（3）反应压力

焦炭塔的反应压力对产品分布有一定影响，是影响焦化装置收益的重要因素之一，一般用焦炭塔塔顶压力代表反应压力。焦炭塔的操作压力升高，液相组分不易蒸发，塔内焦炭中滞留的重质烃类增多，气体产物在塔内停留时间延长，增加二次裂化反应的机会，从而使焦炭和气体产率增加，液体收率下降，焦炭上的挥发分含量也随之增加。反之，焦炭塔的压力降低，使塔内油品容易蒸发，缩短气相油品在塔内的停留时间，从而降低反应深度，气体、汽油、柴油和焦炭收率降低，蜡油收率提高。根据经验，焦炭塔的压力每降低 0.05MPa，液体产品的体积收率平均增加 1.3%，焦炭产率下降 1%。现代延迟焦化装置在保证克服系统阻力的前提下，通常为了提高液体收率会采用较低的操作压力。一般焦炭塔的压力控制在 0.13～0.24MPa，目前部分装置压力控制在 0.103～0.137MPa。压力对焦炭收率增加的影响如图 2-5 所示。

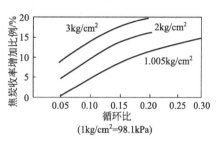

图 2-5 压力对焦炭收率增加的影响

（4）循环比

一般焦化装置的循环油是焦化产物中沸点较高的成分，其硫、氮、残炭、沥青质和金属含量相对较高。分离得到的循环油重新进入焦化反应系统回炼，可以提高轻质油收率，有利于提高柴汽比，同时增加焦炭的产量。循环油的质量流量与新鲜原料的质量流量之比称为循环比，有时也会使用联合循环比表示。循环比和联合循环比的表达式分别为：

循环比＝循环油的质量流量/新鲜原料的质量流量

联合循环比＝（循环油质量流量－新鲜原料质量流量）/新鲜原料质量流量

根据浩业公司流程，加热炉进料量为循环油量与新鲜原料量的和，可以将循环比的表达式写成如下表达式：

循环比＝（加热炉进料质量流量－新鲜原料质量流量）/新鲜原料质量流量

循环比对装置处理量、产品性质及其分布均有重要影响。循环比增大，在加热炉处理能力一定的前提下，新鲜原料进料量将减小，导致装置的处理能力降低。但增大循环比，可以增加汽、柴油收率，增加焦化气体和焦炭量，减小焦化蜡油收率。一般而言，循环比每增加 0.1，焦化装置的液体产品收率降低约 0.7%。反之，循环比降低，可以提高处理量，蜡油收率上升，汽、柴油收率下降，而气体和焦炭收率略有下降，总体而言液体产品收率提高。循环比对焦化液体收率的影响如图 2-6 所示。

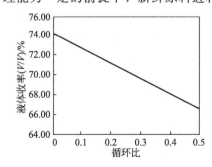

图 2-6 循环比对焦化液体收率的影响

由于焦化蜡油可以作为催化裂化、加氢裂化的原料，因此适当降低循环比，可以获得更多催化裂化、加氢裂化的原料油，降低循环比也成为延迟焦化工艺的发展趋势之一（图2-7）。由于降低循环比导致的汽油和柴油收率下降，其产品产量可以通过后续的相关裂化装置获得。

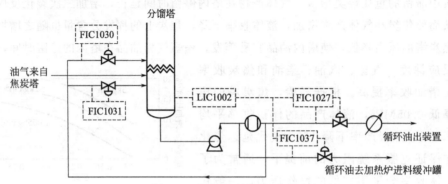

图 2-7　浩业可调循环比方案

浩业公司采用可灵活调节循环比的工艺流程（图2-7），将循环比控制在0.5～0.7。焦化原料不进入分馏塔，循环油从分馏塔底抽出，与原料在加热炉进料缓冲罐内混合。分馏塔内采用循环油与高温反应油气直接接触，冷凝出油气中的重组分，通过控制换热深度调整循环油抽出量，达到灵活调节控制循环比的目的。焦化分馏塔内洗涤焦粉的循环油将焦粉洗下来并利用塔底的过滤器除去，提高了洗涤效果，改善了油品质量；同时由于原料油不进入分馏塔内的换热高温区，避免了劣质、易结焦原料的结焦倾向。

可调循环比焦化工艺中，通过循环油泵抽出分馏塔底的循环油，其中一部分以一定的流量混入加热炉进料缓冲罐中。其流程的特点如下。

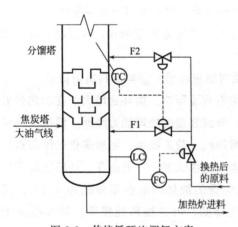

图 2-8　传统循环比调解方案

① 采用分馏塔底循环油（相当于重蜡油馏分）在塔底部换热段与高温油气间进行换热，而国内传统流程，如图2-8所示，新鲜原料渣油在分馏塔的底部换热段与高温油气间进行换热。由于循环油中胶质沥青质降低，芳烃与沥青质的比值上升，其结焦倾向比用减压渣油为原料进行生产时低，有利于提高蒸发段的温度，适合于低循环比操作。

② 流程中由于采用塔底循环油经塔外换热器循环回流取热，可控制塔底温度不至于太高，减缓了塔底结焦和塔底泵抽空现象。

③ 由于受到换热流程中热流温位的限制，加热炉进料温度最高为330℃，这样降低了热炉进料泵苛刻度。

④ 焦化新鲜原料渣油不进入分馏塔内与高温油气接触换热，对稳定和提高蜡油产

品量会有一定的好处。

⑤ 可以通过控制返回加热炉的循环油量来调节装置循环比，提高调节循环比的灵活性，可以实现零循环比操作。

⑥ 流程中循环油不仅可以用在分馏塔换热洗涤段冷凝下来的循环油，也可用于蜡油或柴油馏分，实现选择性馏分油循环。

2.5.4　石油焦的质量指标

石油焦可以用于不同工业，用于电厂和水泥厂做燃料的石油焦，需要高的热值及良好的研磨性；用于铝厂、钢铁厂或炭素厂作原料的石油焦，无论是作为阳极糊和人造石墨电极的原料还是作为生产碳化物的原料，均需控制其含硫量和挥发分，对于制作电极原料的石油焦还应对金属含量加以控制。

（1）硫含量

原料中所含硫、氮等杂质在延迟焦化过程中进行分解或浓缩反应，在产品中重新分配，有 60%～70% 的硫分布到焦化气体和焦炭中，因此焦炭中富集了较多的硫和氮。

按硫含量的高低，可分为三类，硫含量高于 4%（质量分数）的称为高硫焦，硫含量为 2%～4% 的称为中硫焦，硫含量低于 2% 的称为低硫焦。焦炭的硫含量主要取决于原料油的含硫量。硫含量增高，焦炭质量降低，其用途亦随之而改变。

我国大部分原油的减压渣油氢碳比较高，而硫含量很低，得到的焦炭硫含量一般小于 2%，属低硫石油焦。而进口原油，特别是中东原油的硫含量高，用其减压渣油生产的石油焦属高硫焦。2010 年我国首次颁布高硫石油焦的标准，2011 年 1 月 1 日开始正式实施。石油焦按硫含量分为 4A、4B、5 和 6 四个牌号。

（2）灰分

灰分是石油焦中的杂质，包括硅、钠、钙等元素以及铁、镍、钒等重金属化合物，主要来自原料渣油本身，典型的灰分范围为 0.1%～0.3%。当石油焦作为燃料时灰分会影响石油焦的使用性能，例如容易引起炉灰的成团结渣现象，影响锅炉正常运转。

（3）挥发分

挥发分作为石油焦的主要质量指标，我国焦化装置的挥发分一般为 12%～16%。原料性质、操作条件及焦炭塔的保温效果可影响石油焦挥发分含量的高低，也能影响焦化装置的液体收率。提高加热炉出口温度，延长生焦时间，延长大、小吹汽时间，都可降低焦炭的挥发分含量。

（4）金属含量

焦炭中的金属含量集中在焦炭的灰分中，它与延迟焦化原料的金属含量密切相关。石油焦煅烧后用作炼铝工业的炭阳极，焦炭中的金属最终会转移到铝产品中。炭素材料中大多数金属杂质对其氧化反应有催化作用。杂质的催化作用将直接提高阳极炭耗，所以炼铝用石油焦对金属含量有明确的要求。

2.5.5　焦炭塔的生焦周期

　　生焦周期是指一座焦炭塔从切换生产到切换处理期间所用的时间。当一座焦炭塔内焦块形到一定高度时进行切换，切换后先通入少量蒸汽把轻质烃类汽提去分馏塔，再大量通入蒸汽汽提重质烃类去放空冷却塔，回收重油和水。待焦炭内含有的大量油分被吹出后，再通入冷却水使焦炭冷却到 80℃ 左右，然后除焦。除焦完成后再把另一座塔的油气引到该塔将塔预热到 320~380℃，然后切换进料。每台塔的切换使用周期一般为48h，其中生焦时间为 24h，除焦及其辅助操作时间为 24h。

　　缩短生焦周期，提高焦炭塔的利用率，可以提高装置的处理能力。国内一般生焦周期多为 24h，而国外多采用 16~18h。生产数据表明，当生产周期从 24h 降为 20h 时，装置的处理能力可以提高约 20%。但缩短生焦周期，要受到加热炉、分馏塔和吸收稳定部分能力的限制。

　　对于一个四塔装置正常生产时，总是有两个焦炭塔处在生产状态，其他两个处在准备、除焦和油气预热阶段，一般每 24h 有两次除焦、两次切换焦炭塔。焦炭塔生产周期（生焦时间）的长短，是根据焦炭塔的容积原料性质、处理量、循环比等情况变化而安排的，而工序可根据具体条件安排。在安排生焦和各工序的操作时间时，要尽量全面考虑，在同一时间内不要有两座焦炭塔同时进行油气预热或冷焦、除焦，以免造成后部分馏系统波动大，无法平稳生产。对于一炉两塔装置正常生产时，其中有一座焦炭塔处于生产状态，另一座焦炭塔处于准备、除焦和油气预热阶段。除焦最好都放在白天进行。四塔装置焦炭塔操作生产周期工序如图 2-9 所示。

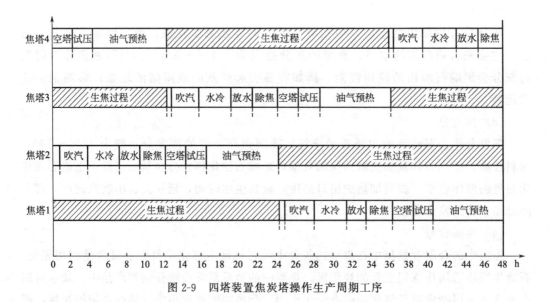

图 2-9　四塔装置焦炭塔操作生产周期工序

浩业公司为一炉两塔焦化生产装置，24h生产操作时间具体安排见表2-7。

表2-7 一炉两塔焦化生产装置24h操作安排

序号	操作过程	时间安排
1	换塔、小吹汽	19：00～20：30
2	大吹汽	20：30～22：30
3	小给水	22：30～1：00
4	大给水	1：00～2：30
5	溢流	2：30～3：00
6	泡焦	3：00～5：00
7	放水	5：00～7：00
8	开顶盖、底盖除焦	7：00～9：30
9	赶空气、试压	9：30～10：30
10	充瓦斯、预热	10：30～19：00

2.5.6 焦炭塔的正常操作

焦炭塔日常操作法包括以下几个方面内容，判断与记录生焦高度、对新塔进行准备、焦炭塔换塔、对老塔进行处理，当老塔具备交塔条件后与除焦班交接，对老塔进行除焦操作。

生焦高度的判断与记录依据如下。

① 根据T1201塔壁温度判断生焦高度；

② 根据除焦班以往检尺及生产周期计算高度；

③ 根据原料性质及加工量来判断生焦高度；

④ 根据除焦班开顶盖后测得的实际焦高记录。

2.5.6.1 新塔准备

（1）蒸汽赶空气、试压

焦炭塔水力除焦结束后，此时焦炭塔称为新塔，经过认真检查塔内已无焦炭，从塔底通入蒸汽赶走塔内空气。如果空气赶不净，放瓦斯预热时容易造成爆炸事故，威胁生产安全，因此赶净空气才能为后续油气预热打下基础。焦炭塔在赶净空气后通过充蒸汽进行试压，试压的目的是检查焦炭塔的密封性，防止高温油气进入后发生泄漏。

① 吹扫进料短接。封底盖之前，通过大给气吹扫进料短接，检查底盖进料短节无堵塞。给汽给水两道阀关闭试漏，发现进料短接漏蒸汽则重新开关此阀，直至不漏

为止。

②确认流程。两人确认新塔，并与除焦班人员确认顶盖锁死，双方班长再次确认签字；打开12m呼吸阀，改好吹气流程。吹气流程为：塔底给气总阀→新塔底→新塔顶→呼吸阀去焦池。

③赶空气。先打开排凝阀，排净冷凝水后，关闭排凝阀，然后打开大给汽阀给汽赶空气，待呼吸阀大量见汽5min后，关闭呼吸阀。

④充压保压。焦炭塔通过充蒸汽进行试压，试压压力为0.23MPa。其间稍开给汽阀，维持塔内压力5min以上。此时，注意溢流阀后热偶温度，如果温度上涨则说明溢流阀关不严，内操需要重新开关，观察温度是否上涨直至关严。

保压期间对顶底盖机、管线、法兰等进行详细检查处理。若有泄漏，需要进行紧固，如果紧固后仍有泄漏，则应撤压处理，另行试压。

⑤泄压。确认无漏点后，现场两人操作，与室内主操确认打开呼吸阀和排凝阀泄压。顶压泄至0.05MPa时，开放油阀与甩油罐贯通，待甩油罐压力上涨后，关闭放油阀。泄压至0.02MPa，保持微正压，关闭呼吸阀和给水给汽阀。

⑥操作过程中需要注意以下问题：

a.排净管内凝结水，防止水击，防止水进入焦炭塔。

b.试压时与室内主操保持联系，严防超压。

c.泄压时放净存水，甩油罐内存水排放干净。

（2）充瓦斯、预热

放瓦斯是指将生产塔去分馏塔的高温油气中一部分引入新塔塔顶，为新塔预热，使新塔和生产塔达到压力平衡。由于试压时塔内蒸汽凝结水一部分存在于新塔的塔顶出口管线中，高温油气自新塔塔顶引入可以将水加热汽化顶出去，减少下一步油气循环和水窜入分馏塔引起波动。老塔油气引入新塔时，老塔压力不能下降过快，以防止油气去分馏塔的量下降过快，影响分馏塔的操作。

①充瓦斯。泄压完毕，确认呼吸阀和给水给汽阀已经关闭。甩油阀开启后，开始预热。打开12m平台新塔的油气隔断阀（VV阀），开度为25%，倒充瓦斯，注意老塔压力下降值<0.02MPa。甩油罐气相改去放空，缓慢打开甩油罐V1205顶去接触冷却塔T1204气相手阀三扣左右。

②改去分馏。1h后开新塔VV阀的开度改为50%，使新塔和老塔的压力基本平衡。7m平台打开新塔进料隔断阀（BV阀）一同预热，然后将该阀操作柜上锁。塔底温度超过150℃后，甩油罐V1205顶气相改去分馏塔，阀门开度为四扣左右。

经过1h后，新塔VV阀的开度改为75%；再经过1h后，新塔VV阀开度改为100%；然后此阀操作柜上锁。

③甩油。新塔预热一定时间后，塔底会出现凝缩油，需要及时甩油，确保新塔预热速度不受影响。

预热前期加强甩油罐 V1205 的脱水，注意甩油罐 V1205 的液位，需要时可以将甩油采出装置或回炼。甩油时要改好流程，保证前后路管线畅通。换塔前要排净甩油罐 V1205 的凝缩油。

根据预热温度上升情况适当开大甩油罐 V1205 去分馏塔阀门，若新塔温度上升慢，可适当关小两塔去分馏塔的环形阀。

④ 操作过程中需要注意以下问题：

a. 预热时，注意新老塔的压力变化，两塔压力保持基本平衡，循环线路保持畅通。

b. 保持分馏塔入口温度＞400℃，防止压缩机喘振。

c. 预热过程中要详细检查塔顶、底盖，各管线法兰有无泄漏，需要时要及时进行热紧。

2.5.6.2 焦炭塔换塔

除焦后的新塔经过蒸汽赶空气、试压和充瓦斯、预热两个过程，满足生产条件后，两个焦炭塔进行切塔操作，利用四通阀将焦化原料引入新塔进行生产，原来的生产塔即老塔停止进料，进行除焦前相关处理，最后进行水力除焦。

（1）换塔条件

换塔前应具备以下两个条件：

① 新塔顶温大于 380℃，底温在 330℃以上。

② 甩油罐内液体已排净。

（2）确认流程

班长和焦炭塔外操到生产现场确认。两名操作工到 12m 平台确认新塔 VV 阀全开，呼吸阀全关，并与室内主操联系确认。关闭 7m 平台甩油阀，并确认 7m 平台甩油阀和给水给汽阀全部关闭。新塔 BV 阀现场确认开启，并与室内确认。小吹汽管线进行排凝。

（3）切塔

通知室内主操准备切换塔，确认所切塔的塔号，注意四通阀转动方向，切换四通阀到新塔进料。切换过程中不可离开现场，期间要与室内主操密切联系，观察加热炉出口压力，出现憋压应立即切回老塔。

2.5.6.3 老塔处理

切换四通阀门后，原来的生产塔即为老塔，老塔经过一定时间成焦后，需要进行除焦。由于原料刚刚切换入新塔，老塔的塔内温度仍然较高，为 400～420℃，必须先经过冷却才能安全除焦，即进行冷焦操作。冷焦过程一般是小吹汽—大吹汽—小给水—大给水—放水，最终把焦炭由 440℃降至 80～100℃。

（1）小吹汽

小吹汽的目的是吹扫老塔进料管线和阀门，以免存油结焦，同时，给汽汽提出焦层内的大量高温油气。小吹汽时蒸汽从塔底部进入，高温油气从老塔塔顶出来去新塔，避免老塔泡沫层带入分馏塔影响分馏操作，也可以减少切换后的热量不足。

切换后，老塔立即开进料隔断阀前小吹汽阀，初期为防止分馏塔冲塔，小吹汽量可稍小些，待焦炭塔顶压力稳定后开大小吹汽阀，给汽量为 3t/h，吹汽时间为 1.5h。切换 30min 后，停消泡剂；老塔急冷油要控制塔顶温不超 420℃；新塔视塔顶温度给急冷油。

操作过程中需要注意以下问题：

① 小吹汽要及时，防止黏油回落。

② 切换完毕，仔细检查进料短接和顶底盖是否泄漏。

（2）大吹汽

小吹汽结束后，把新塔和老塔分开，老塔塔顶出口改到放空系统。塔底吹入大量蒸汽，蒸汽冷却焦层，汽提出部分油气，改善焦炭质量。

① 确认放空系统。检查确认接触冷却塔底泵 P1215 循环回流正常，打开放空塔空冷和百叶窗。

② 改放空。小吹汽结束后，开始大吹汽；两名操作工到 12m 平台，一人关老塔 VV 阀，待 VV 阀关到 50% 后，打开放空阀。操作时必须与内操联系，确认塔号和特阀转动的位置。

③ 大吹汽。确认好 12m 老塔改放空后，7m 平台开大吹汽阀，给汽量为 8～10t/h，维持时间为 2h。关闭甩油罐 V1205 至分馏塔 T1202 的油气手阀，关闭老塔 BV 阀，停 BV 阀前小吹汽。

④ 操作过程中需要注意以下问题：

a. 保持接触冷却塔底油及甩油水冷器 E1209 的水温为 80℃，投用接触冷却塔 T1204 底加热盘管，以保持塔底油温。

b. 不改放空时塔底泵不停，维持低变频运转。

c. 改放空时要衔接好，防止分馏塔 T1202 油气窜至接触冷却塔 T1204。

d. 如果改大吹汽后路超温超压，甚至塔晃动严重，降低吹汽量，必须延长吹汽时间，并上报车间及调度。

（3）小给水

给水是冷却焦层的有效办法，用蒸汽可以将老塔冷却到出口温度为 270～280℃，便不容易再下降了。这时，通过焦炭层给水，水在焦炭层被汽化，带走焦炭层的热量。

① 开给水泵。检查确认给水流程，开启给水泵 P1233 变频不小于 50Hz，给水阀前憋压至 0.5MPa 以上。

② 给水。关大吹汽阀，用以汽带水阀带水进入焦炭塔，伴有水击且塔底温度迅速下降至 100℃ 以下，确认水给进后，关闭给汽阀，给水量现场流量计显示 20～30t/h，

维持时间为 1.5h。

操作过程中，根据焦炭塔塔顶压力先降、后升、再降，冷焦水罐液位下降，现场流量显示为 20～30t/h，来判断给水是否正常。

③ 操作过程中需要注意以下问题：

a.以汽带水蒸汽量不能太小，以防止黏油回落，确认水进焦炭塔后再关蒸汽。

b.严防给水太大，造成炸焦，堵塞通道。

（4）大给水

① 提水量。根据老塔塔顶压力逐渐提起给水量，如果给水时间不够可以启用两台给水泵，最大流量不大于 400t/h，随时注意焦炭塔顶压力不能超压；如起压过快，应迅速降低给水量。

② 改溢流。当给水到一定程度后，塔内装满了水，将从塔顶溢流出来。

待老塔从上向下第二个热电偶温度迅速下降时，打开 41m 老塔溢流阀去焦池，同时关闭放空阀，循环冷焦。

③ 停放空。停放空塔空冷，关百叶窗，开始扫线，扫通后再关闭。如接触冷却塔 T1204 液位过高，可外甩。每个白班放空塔油置换一次。

④ 操作过程中需要注意以下问题：

a.给水量要控制好，防止接触冷却塔顶气液分离罐 V1206 液位上涨太快，导致泵无法及时外送。

b.冬季放空塔的空冷投用伴热，做好防冻凝。

（5）放水

① 停给水泵。关给水阀，停给水泵，进行泡焦，维持时间为 0.5h。当塔壁温度下降至 80℃以下时，准备放水。

② 放水。确认好需要改动的阀门，打开呼吸阀，关闭溢流阀，稍开放水阀三至四扣，控制放水速度不要太快，放水后期放水阀全开。

注意放水初期放水速度不能太快，防止焦块回落堵塞通道。后期全开，防止阀前堆积焦粉。

③ 开顶盖。老塔塔顶压力合格，达到开顶盖条件后，与除焦班人员现场确认，并且工艺班长和除焦班长现场确认，同时与室内主操确认塔号后，打开顶盖，做好记录。

④ 开底盖。根据焦池的水位高低和去焦池放水阀不流水确认老塔水放净，通知除焦班开底盖。

（6）倒水

每天白班开启 P1241 和 P1242 从焦池倒水到冷焦水储罐 V1232，液位在 82% 以上。

浩业焦化装置焦炭塔的操作流程如图 2-10 所示。

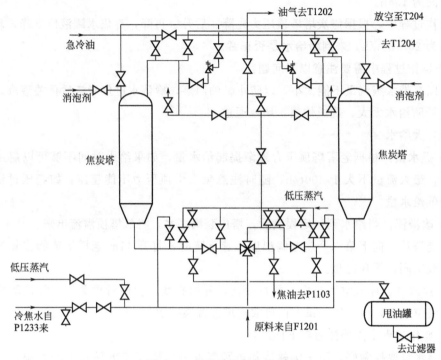

图 2-10　焦炭塔的操作流程图

2.6　四通阀

四通阀是焦炭塔底进料管线上的一个重要阀门,主要负责实现新老焦炭塔的切换,四通阀能否正常运行关系到整个焦化装置的运行。目前四通阀有手动和电动两类,手动四通阀使用较为普遍,近年来新设计的焦化装置倾向使用电动四通,以提高劳动效率。高温四通旋塞阀简称四通阀,是由钼铬合金阀体和旋塞配合而成的,在旋塞锥面上开有类似弯头形状的通道,旋塞在阀体内既可以固定又可以旋转,和阀体四个方向的开口与外面管线连接,借助旋塞在阀体中所处的位置不同使从加热炉来的物料有四个不同去向。阀体四个方向的连接口,分别是来自加热炉出口的原料油管线连接口、加热炉出口的原料油分别进入两个焦炭塔底部入口管线的连接口、来自加热炉出口的原料油去开工线连接口。当开工和事故处理时,才将来自加热炉出口的原料油送去开工线。

2.7　急冷油注入

(1) 注入急冷油的原因

高温重质油在焦炭塔内进行裂解和缩合反应,生成气体、液体和焦炭。反应生成的高温油气将经焦炭塔顶部的大油气线进入分馏塔分馏出产品。由于重质油在焦炭塔内反应的温度比较高，热油气在上升过程中仍在继续反应生成焦炭，这些焦炭有可能附在大油气管线壁上或随着油气进入分馏塔内，造成大油气管线和分馏塔底部焦粉沉积或结焦。为了解决这个问题，一般在焦炭塔顶部注入急冷油，使急冷油与热油气接触，通过降低油气温度来终止焦化反应，并同时提高油气的气速来减缓焦粉在油气管线上的沉积。

（2）急冷油的选择

目前，焦化装置常用的急冷油来自装置本身，一般可以选择柴油、中段循环油、蜡油或重污油。选择急冷油主要从急冷效果和经济性两个方面考虑。浩业焦化采用蜡油作急冷油。

（3）急冷油注入方式

当前国内外在焦炭塔急冷油注入点的选择上有两种方式，一种是注入到大油气管线的水平段上，另一种是注入到大油气管线的垂直段上。注入水平段时，注入点若距油气线出口较远，在注急冷油前的一段管线非常容易结焦。当急冷油注入点在大油气管线的立管上时，如果注入位置偏上，仍会造成喷嘴下方管壁上结焦。若急冷油喷嘴位置偏下，直接打入塔内，会减弱急冷油对油气的洗涤作用，导致大量的高温泡沫进入油气线后部，造成结焦。

急冷油注入点最理想的位置应该使急冷油均匀分布在焦炭塔顶大油气线两焊缝中心线所在的截面上，分布颗粒细小容易雾化；这样，急冷油与通过该截面的反应气充分接触，利用急冷油汽化吸热量控制反应油气温度，从而防止反应油气温度过高引起管内结焦。在实际生产中，一般采用三通或四通连接，一旦油气线发生结焦，可以打开法兰盖进行清焦，提高装置运行的稳定性，延长操作周期。

2.8　消泡剂注入

焦炭塔在进行焦化反应时，进料渣油中高黏度胶质、沥青质不断被大量油气鼓泡，因此在焦层上部会产生泡沫层。泡沫层包含了浓泡沫和稀泡沫，其高度一般在 7～10m。原料性质、温度、压力、焦炭塔空速等是影响泡沫层高度的主要因素。一般渣油的密度、胶质和沥青质含量越大，泡沫层越高。提高焦炭塔的温度，降低压力，原料裂解成油气的速度加快，焦炭塔内气相分子数量和气体上升速度增加，产生的泡沫会增多。

延迟焦化装置可选用的消泡剂主要有聚醚类、聚醚改性硅、高硅消泡剂三种类型。高硅消泡剂中常用聚二甲基硅氧烷，即二甲基硅油。由于焦化塔中温度较高，少量硅油会分解为一系列易挥发的化合物，它们将进入到焦化汽油、焦化柴油和焦化蜡油中。生产中消泡剂要根据原料性质、操作条件和液体产品的去向合理进行选择。如果油品需要进一步加氢精制，由于硅对加氢精制等催化剂有毒害作用，此时消泡剂要选用无硅消泡剂或低硅消泡剂。

目前，国内消泡剂注入方式有焦炭塔顶注入和焦炭塔底注入两种，多数采用塔顶注入，消泡剂的注入量以加热炉进料量为基准，其注入量一般为 $10\sim20\mu g/g$ 进料。为了减少消泡剂注入量，降低成本，可在焦炭塔切换前 $4\sim6h$ 或泡沫层（稀泡沫）距焦炭塔上部切线 $6\sim7m$ 位置，开始注入消泡剂，焦炭塔切换后 $0.5\sim1.0h$ 停止注消泡剂。

消泡剂停止注入后，对消泡剂管道注入保护蒸汽，防止消泡剂管结焦。严禁消泡剂和急冷油一起注入。

2.9　吹汽放空

焦炭塔准备的过程一般包括小吹汽、大吹汽、小给水、大给水、冷焦溢流放水、开盖、除焦、上盖、预热等多个阶段。在小吹汽、大吹汽、小给水、大给水、冷焦溢流阶段会产生大量蒸汽和油气，如果直接排空，不仅会造成气体和油品的损失，还会产生重的环境污染，危害职工的身体健康和生命安全。小吹汽阶段产生的油气和蒸汽直接进焦化分馏塔处理。而在大吹汽阶段、给水阶段和冷焦水溢流阶段产生的大量蒸汽和油气则进入吹汽放空系统进行密闭处理，以消除污染，回收污油、气体。目前，国内外的吹汽放空系统均采用密闭吹汽放空流程技术，即设置吹汽放空塔处理焦化废气，产生的污油回炼，产生的气体回收或直接进火炬系统。

浩业焦化装置吹汽放空系统流程如下。焦炭塔吹汽、冷焦时产生的大量蒸汽及少量油气进入接触冷却塔 T-1204 洗涤，洗涤后重质油用接触冷却塔底泵 P-1215/AB 打至接触冷却塔底油及甩油水冷器 E-1209/AB 冷却至 90℃，一部分作冷回流返回 T-1204 顶部，一部分出装置；塔顶蒸汽及轻质油气经接触冷却塔顶空冷器 A-1204/A-D、接触冷却塔顶水冷器 E-1208/AB 冷却后，进入接触冷却塔顶油气分离罐 V-1206，分出的污油经由污油泵 P-1213 送至罐区。接触冷却塔含硫污水经污水泵 P-1212 抽出，一部分去冷焦水系统，一部分出装置。由于接触冷却塔是吹汽放空系统的主要设备，因此吹汽放空系统也称为接触冷却系统。浩业公司焦化装置接触冷却部分流程如图 2-11 所示。

吹汽放空系统产生的气体一般要进行回收。回收主要是指塔顶气体经过升压，回收气体中的不凝气和液态烃，实现吹汽放空系统的全密闭。该气体可以进焦化装置内的富气压缩机入口，通过富气压缩机升压后进入吸收稳定系统，如果其中液态烃的含量不高，气体升压后可以直接去脱硫系统。该部分气体也可以直接进火炬，通过火炬系统的火炬气回收措施进行回收。

浩业使用的接触冷却塔采用挡板塔盘，其直径为 2800mm，塔内共设 10 层挡板塔盘，塔板间距为 800mm。

接触冷却塔底油和甩油水冷器也是吹汽放空系统的重要设备。它不但需要冷却吹汽放空系统的污油，还要适应循环油外甩，正常开、停工循环和紧急停工冷却外甩渣油的

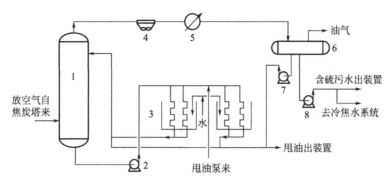

图 2-11 焦化装置放空部分流程

1—接触冷却塔；2—接触冷却塔底泵；3—接触冷却塔底油和甩油水冷器；4—接触冷却塔顶空冷器；

5—接触冷却塔顶水冷器；6—气液分离器；7—污油泵；8—污水泵

复杂工况。塔底污油组成较复杂，黏度大，含焦粉，性质较差，紧急停工外甩渣油温度高（一般≥400℃）。鉴于该部位冷却器需要适应的工况复杂、油品性质恶劣，该部位冷却器般选用操作弹性大、适应性强的冷却水箱。冷却水箱内设置多排盘管，管程走污油，水箱壳程装水浸没盘管，依靠水箱内水的蒸发带走热量冷却管内介质。为了保护环境，水箱设置顶盖，由顶部排出的蒸汽通往焦池。水箱设置液位仪表，检测水箱液位。宜设置自动补水调节阀，保证水箱盘管在水面以下，保证冷却效果，减缓盘管腐蚀。

2.10 冷焦水部分

焦炭塔中的焦炭等冷却过程需要经过小吹汽、大吹汽、小给水、大给水等几个过程。通常来说大给水过程包含了上水、充满、溢流泡焦、放水等几个步骤。冷焦水产生在溢流泡焦及放水阶段。

国内传统的延迟焦化装置采用敞开式的冷焦水处理流程，在除油、冷却、储存的过程中，由于其整个过程都是敞开的，溢流及放水时从焦炭塔自流排出的冷焦水含有油和硫化物。由于其温度较高，从冷焦水中挥发出来的气体不但对人体危害较大，而且严重污染周围的环境，且其中含有较多的焦粉，水质较差，不能直接进冷焦水泵提升，否则会堵塞管道和机泵。为了解决以上问题，一般采用冷焦水密闭处理系统。

浩业焦化装置冷焦水部分工艺流程如下。自焦炭塔来的冷焦水自流到冷焦水缓冲罐 V-1233、冷焦水沉降罐 V-1231/AB，然后由冷焦热水泵 P-1231/AB 抽出，经冷焦水过滤器 FI-1302 送至除油器 V-1235 进行油水分离。分出的水相经冷焦水空冷器 A-1231/A-D 冷却后进冷焦水储罐 V-1232 储存、回用；油相（含90%的水）再经冷焦水沉降罐 V-1231/AB 沉降隔油后，污油进入污油罐 V-1234，由污油泵 P-1235/AB 送至罐区。冷焦水部分原则流程如图 2-12 所示。

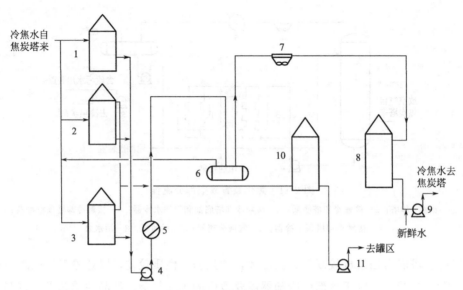

图 2-12　冷焦水部分流程

1—冷焦水缓冲罐；2,3—冷焦水沉降罐；4—冷焦热水泵；5—过滤器；6—除油器；

7—冷焦水空冷器；8—冷焦水储罐；9—冷焦水泵；10—污油罐；11—污油泵

2.11　反应岗操作界面

浩业加热炉操作界面见图 2-13～图 2-15，分别是加热炉（一）、加热炉（二）和加热炉（三）。

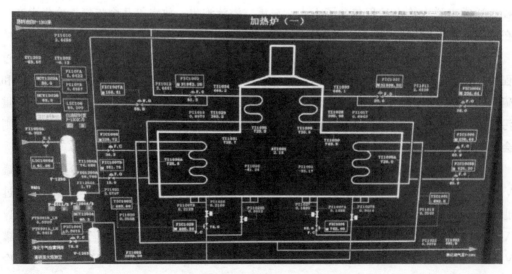

图 2-13　加热炉（一）

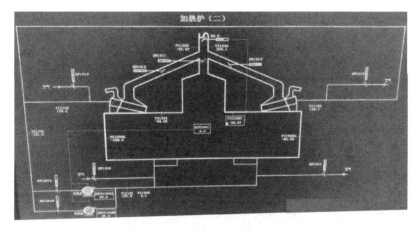

图 2-14　加热炉（二）

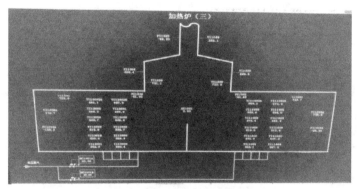

图 2-15　加热炉（三）

浩业焦化装置焦炭塔操作界面如图 2-16 所示。

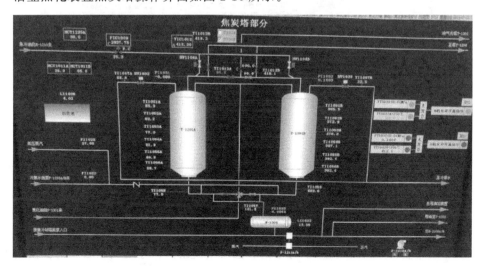

图 2-16　浩业焦化装置焦炭塔操作界面

浩业焦化装置接触冷却塔操作界面如图 2-17 所示。

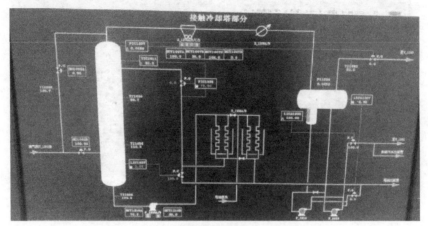

图 2-17　浩业焦化装置接触冷却塔操作界面

浩业焦化装置冷焦水操作界面如图 2-18 所示。

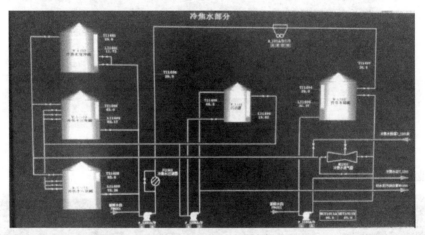

图 2-18　浩业焦化装置冷焦水操作界面

2.12　反应岗的巡检

① 7m 平台：四通、进料隔断、放油阀、给水给气阀门的运行状态及底盖、进料短接、高温法兰、阀门、压力表、热电偶有无泄漏。

② 炉出口压力及焦炭塔入口压力与室内对照。

③ 急冷油调节阀运转状态及急冷油伴热情况。

④ 12m 平台：VVA、VVB、环形阀、去放空旋塞阀、呼吸阀、溢流阀、预热阀运行状态。

⑤ 各高温阀门、法兰、压力表有无泄漏。

⑥ 加热炉：所有高温阀门、法兰、压力表、热电偶有无泄漏。

⑦ 加热炉燃烧情况，有无灭火、扑炉管。

⑧ 鼓风机运行情况，润滑油、循环水、振动。

⑨ V1205 压力、液位。

⑩ 41M 平台：顶盖及高温法兰、压力表有无泄漏，顶压要与室内对照。急冷油、消泡剂阀门，上进料阀门运行状态。

⑪ 甩油罐：液位与室内对照，P1211/A、B 运转情况，高温法兰、压力表、热电偶有无泄漏，各伴热投用情况，流程情况。

⑫ T1204 空冷平台：空冷运行情况，电动机声音，皮带、风扇运行情况，百叶窗开关情况，空冷伴热情况。

⑬ 消泡剂泵、注水泵运行情况和润滑油液位，消泡剂罐液位，除盐水防冻凝情况。

⑭ E1209/A、B 水位情况，水温情况，各伴热情况，流程改动情况。

第 3 章

水力除焦岗位生产操作

3.1 水力除焦概述

3.1.1 水力除焦

水力除焦系统是延迟焦化装置的重要组成部分，对装置的安、稳、长、满、优生产具有重要作用。水力除焦技术是由美国 Shell 公司于 1938 年借鉴了水力采煤的方法，将射流切割、破碎原理用于延迟焦化装置进行水力除焦取得成功的，1939 年正式投入工业使用，推动了延迟焦化技术的快速发展。水力除焦过程就是把高压水的压力通过喷嘴转化为高速射流，压力能转变为动能，当具有动能的水射流碰到焦炭时发生动量转换，由于水射流单位面积上的动压力大于焦炭的破碎强度，所以焦炭被切割、破碎。

由于水力除焦自动化程度高，缩短了清焦时间，节省劳动力和钢材，有利于改善焦炭质量，同时减轻了劳动强度，改善了劳动条件，适合于大规模工业生产装置使用。因此，水力除焦的出现大大促进延迟焦化过程的完善和高速发展。

水力除焦是延迟焦化装置普遍使用的一种先进方法，包括有井架除焦、无井架除焦和半井架除焦之分。其中无井架水力除焦技术是我国自行开发的具有独立知识产权的技术，它具有建设周期短、节省钢材、建设投资较少等特点，在 20 世纪 60～70 年代有茂名、金陵等延迟焦化装置先后采用了无井架水力除焦。但是无井架水力除焦是用高压胶管代替钻杆，使用寿命短。随着焦化装置大型化，新的延迟焦化装置均采用有井架水力除焦。

随着延迟焦化装置规模的不断扩大，单套装置的处理量也不断扩大，实现设备大型化是提高单套装置处理量的主要手段之一。延迟焦化装置的焦炭塔直径也不断变化，1964 年国内建成的第一套延迟焦化装置的焦炭塔直径为 5.4m，2005 年国内建成并投产的处理量为 1.6Mt/a，延迟焦化装置的焦炭塔直径达到了 9.4m。焦炭塔直径的不断扩大，使水力除焦系统对高压水的参数和除焦设备的压力等级要求也不断提高。直径 5.4m 的焦炭塔进行水力除焦时要求高压水的流量为 $140\sim180\mathrm{m^3/h}$、压力为 $12\sim14MPa$，除焦设备的压力等级为 16MPa。直径 9.4m 的焦炭塔进行水力除焦时高压水的流量为 $320\mathrm{m^3/h}$、压力为 33MPa，除焦设备的压力等级为 42MPa。

为了适应延迟焦化装置的不断发展对水力除焦技术的要求，1976 年美国 PACIFIC 公司研制成功了除焦控制阀。1979 年美国 CONOCO 公司研制成功了水力除焦程序控制系统。在消化引进技术的基础上，1996 年国内也先后开发了除焦控制阀、水力除焦程序控制系统、自动切换除焦器。2002 年后国内将水涡轮减速器及水力马达用于有井架水力除焦，2003 年直径 8.4m 的焦炭塔采用了自动顶盖机。

3.1.2 水力除焦原理

由高压水泵输送的高压水，经过水龙带、钻杆到水力切焦器的喷嘴，从水力切焦器的喷嘴喷出的高压水形成高压射流，高压射流的强大冲击力将石油焦切割下来，钻杆不断地升降和切焦器按一定的转速转动，直到把焦炭塔内的石油焦全部由塔壁脱离除净为止，焦炭靠自重下落排出焦炭塔。

3.1.3 水力除焦基本流程

清洁水从进水管 1 进入高位储水罐 2，由高压水泵 3 输送的高压水经除焦控制阀 4 到焦炭塔的顶部，通过球阀 8、水花部送到水龙头 10，进入空心的钻杆 14、水力马达 15 和切焦器 16，经切焦器上喷嘴喷到焦炭塔里，水和切割下来的焦炭一同到焦炭塔底，经溜槽 19 进入储焦场 20，焦场的水经过几道栅栏用泵送回储水罐，而落入焦场的石油焦用桥式吊车抓走，运送出厂。在循环时，清洁水从高压水泵出口到除焦控制阀 4，然后从回水管 5 返回储水罐 2。有井架水力除焦流程示意图见图 3-1。

3.1.4 水力除焦主要设备

国内开发的典型水力除焦系统主要包括：高压水泵、高压水管道、高压切断阀、除焦控制阀、高压胶管、钻杆、风动水龙头和/或水力马达及水蜗轮减速器、自动或半自动切换除焦器、钻机绞车、滑轮组和除焦控制系统、焦炭塔顶盖机和焦炭塔底盖装卸机等。

（1）高压水泵

高压水泵是焦化装置的重要设备之一，其作用是提高切焦水的压力，为除焦时提供具有足够压力和流量的高压水，确保除焦过程顺利进行。高压水泵与普通离心泵比较，具有扬程高、流量大、启动频繁、抗焦炭颗粒磨损以及能耐硫腐蚀等特点。高压水经过除焦控制阀，通过高压管道进入焦炭塔内的切焦器，进行水力除焦。除焦采用高压水，

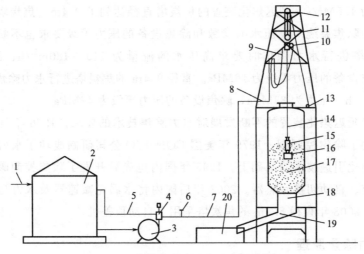

图 3-1　有井架水力除焦流程示意图

1—进水管；2—高位储水罐；3—高压水泵；4—除焦控制阀；5—回水管；6—压力表；7—上水管；
8—塔顶隔断球阀；9—高压胶管；10—水龙头；11—游车；12—天车；13—绞车；14—钻杆；
15—水力马达；16—切焦器；17—焦炭；18—护筒；19—溜槽；20—储焦场

高压水压力达 15～35MPa，压力值主要取决于焦炭塔塔径的大小和焦炭性质。为满足除焦系统的需要，焦炭塔塔径增大，高压水泵的流量和扬程也要随之增加。

（2）钻机

水力除焦时，钻杆的上升、下降和水力马达带动切焦器旋转动作，可保证清除干净焦炭。这些动作都是靠设备带动完成的。有井架钻具的旋转有两种方式，一种是由风动马达驱动风动水龙头来带动钻杆旋转，从而带动切焦器旋转。钻杆上端细丝扣接头直接与水龙头的活动部分连接。水龙头的活动部分由一个主支撑轴承把水龙头的活动接头以及钻杆支撑起来，固定部分上下都有盘根密封，水龙带接在固定部分的接头上。水龙头的上端提升大钩，装有固定滑轮，钢丝绳绕过滑轮，一端固定在天车的横梁上，另一端绕过天车和固定滑轮，固定在下面钻机绞车的滚筒上。天车固定在井架的最高处。钻机绞车的可逆异步电动机由变频器控制驱动蜗轮蜗杆减速器带动滚筒，将水龙头、钻杆、切焦器提升或下降。另一种是通过安装在钻杆底部的水力马达驱动切焦器旋转。目前较为先进的钻杆驱动技术是利用电动顶驱动系统。

（3）除焦器

国内使用的除焦器根据结构和原理不同，可以分为以下几种类型：螺母封堵式、转阀切换式、微型除焦器、活塞切换式、压差自动切换式、联合除焦器、自动切换除焦器等。

（4）水力马达

水力马达作为驱动自动除焦器转动的动力设备，是通过活塞对导轨产生的反作用力的径向分力，带动输出轴低速旋转，从而带动切焦器进行钻孔、切焦的。

浩业公司焦化装置采用有井架水力除焦操作,浩业除焦机械设备组成如表3-1所示。

表3-1 浩业除焦机械设备

设备	自动液压塔顶卸盖机	液压塔底卸盖机	风动水龙头	钻机绞车(变频调速)	钻杆	固定滑轮组(天车)	游动滑轮组(游车大钩)	导向滑车
数量	2台	1台	2台	2台	2组	2台	2台	2台
设备	水力马达	水力钻孔切焦器	高压水泵	高压胶管	球形隔断阀	除焦控制阀(三位阀)	水力除焦程序控制系统	桥式抓斗起重机
数量	2台	2台	2台	4根	2台	1台	1套	2台

3.2 司钻操作

司钻岗位的主要任务是负责钻机的日常运行操作和塔顶盖的拆装,完成焦炭塔的除焦工作,并负责钻机系统的天车、大钩、风动水龙头、钢丝绳、水龙带、风带、支点轴承、导轨、钻机、钻杆、除焦器、高压水管线及其他所属阀门、仪表、管线、电气设备、消防器材等的检查和维护工作。

3.2.1 司钻岗位操作

司钻岗位操作步骤如下。

3.2.1.1 除焦前的检查与准备

① 塔顶盖机:

a.检查油箱油位是否正常。

b.检查油路系统是否泄漏。

c.检查电气、仪表线路是否完好。

② 游车大钩:

a.检查各个开口螺母插销是否齐全、牢固可靠。

b.检查滑轮、大轴等有无损坏。

c.检查各个注油嘴有无损坏,并加好润滑油。

d.检查吊钩卡颈是否牢固可靠,并加好润滑脂。

e.检查弹簧、钢丝绳等是否完好。

f.检查各注油点、油嘴、油杯有无损坏,并加好润滑脂。

g.卡销应安全可靠,无跳开的可能。

③ 风动水龙头:

a.检查风动马达、风带、钻杆、水龙带等是否连接牢固。

b.检查各部螺栓有无松动现象。

c.检查齿轮箱内有无杂物，按要求加注润滑脂。

d.检查润滑油量是否正常，手柄是否灵活好用，并试验正反转。

e.转速应在正常范围内。

f.检查密封箱盘根松紧是否适宜。

g.鹅颈管和高压胶管应连接牢固可靠。

h.试验风动马达，风压达 0.3MPa 时，应转动自如。

④ 钢丝绳、水龙带：

a.钢丝绳在各滑轮槽内，应润滑良好，滚筒应固定可靠。

b.钢丝绳不允许有断丝现象，若发现有 7 根以上断丝，就应更换。

c.水龙带要求无断裂、破皮、老化现象，最小弯曲半径为 0.6m。

d.水龙带应连接牢固，无泄漏。

⑤ 支点轴承和导轨、塔口扶正器：

a.支点轴承应好用，并加润滑脂。

b.导轨应垂直，无障碍物，运行平稳可靠。

c.行程开关应灵活好用、安全可靠。

d.检查扶正器是否在两端导轨内。

⑥ 钻机绞车：

a.钻机绞车蜗轮减速箱应加好合格润滑油。油面以浸至蜗轮齿为宜，第一次加油应在运转半月之后更换，以后按润滑五定制度进行添加更换。

b.钻机绞车油嘴应油标齐全。

c.制动器应间隙相等，无磨损，灵活可靠，间隙为 0.9~1.0mm。

d.固定滑轮组和塔中心线应一致。

e.电动机应接地完好，转向正确，正、反转开关标记与钻杆升降一致。

f.所有地脚螺栓应紧固，使机身不振动。

g.对轮连接应可靠，保护罩应完好。

h.当切焦器钻到塔底部时，钢丝绳在滚筒上应留 7~8 安全圈。

⑦ 高压水管线和所属阀门、风管：

a.检查各阀门开关是否灵活，填料密封是否松紧适宜、严密不漏。

b.高压水管线法兰螺栓应紧固，并装上法兰护圈。

c.风管应完好、不打结、摆放规范。

⑧ 仪表和电气设备：

a.各测量仪表应指示准确。

b.照明设备应齐全好用。

c.配电盘上各保护设施、接触器开关应灵活好用，接线端应牢固。

d. 塔顶操作盘按钮应灵活好用，指示应正确。

e. 试验联系信号和指示应正确好用。

f. 检查除焦监控系统是否好用。

g. 塔顶防爆操作台（BK）就地仪表盘操作按钮应灵活好用，指示位置应正确。连同高压水泵共同试验，紧急停泵开关装置确保灵活可靠。

h. 连同塔顶和塔底平台共同检查，试验联系信号和指示是否正确好用。

⑨ 除焦器：

a. 除焦器与钻杆的连接要牢固可靠。

b. 除焦器各喷嘴应无堵塞，安装牢固可靠。

c. 安装喷嘴前应确认内部无杂物。

d. 检查二位切换阀转动是否灵活并旋至钻孔位置，盖板应正常，螺栓应紧固。

⑩ 固定滑轮组（天车）：

a. 检查天车固定螺栓有无松动。

b. 检查滑轮有无损坏，钢丝绳有无跳槽或超过规定的损坏（如发现钢丝绳有较严重的断丝现象，更换后才允许开车）。

c. 检查各个注油点油嘴有无损坏，并加好润滑油。

d. 检查大轴有无磨损。

⑪ 消防设备：

a. 消防蒸汽线各接头、阀门应灵活好用，不漏汽，并接有胶管。

b. 灭火器械应齐全完好。

⑫ 检查绞车电动机接地线是否完好，地脚螺栓是否牢固。

⑬ 总电源送电并选塔，塔顶操作盘送电。

⑭ 送电后检查的项目：

a. 操作盘上的电源指示灯应显示正确。

b. 启动塔顶操作柜应增压正常，绞车应送电正常。

c. 确认电磁抱闸及手闸灵敏可靠。

d. 确认除焦控制阀处于回流状态，回流指示灯亮。

e. 确认联锁旋钮位于投用位置。

f. 确认风线中的存水排净。

g. 接到高压水泵房指令后，停吹扫风。

⑮ 打开进气阀，按下防爆操作柜正压启动按钮，操作柜送电。正压建立正常后，按动绞车电源开按钮 SB，绞车电源指示灯亮起，表明防爆柜通电正常。

⑯ 塔顶盖的拆卸步骤：

a. 现场与工艺岗位四级确认焦炭塔顶压为零，除焦班长同工艺班长按《开塔顶、底盖程序》确认具备开盖条件签字完毕。

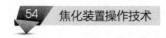

b. 按顶盖机开盖操作法打开塔顶盖。

注意：先开顶盖再开底盖。

⑰ 用安全的方法检查确认焦炭高度，并做好记录，注意防爆及油气、H_2S 气体伤人。

⑱ 检查确认联合除焦器在钻孔位置。

⑲ 开动绞车，将除焦器下行进入塔内 5m 时，塔顶高压水隔断阀自动打开，根据除焦器模拟高度显示器显示高度，将除焦器下至焦层上方 200～300mm 处，停止下钻。

⑳ 检查确认风压为 0.5～0.6MPa，油雾器有油，试验风动马达转向正确、声音正常、转速正常（8～10r/min），禁止反转，检查完毕后停风动马达。

㉑ 冬季为了融化掉除焦器内的结冰，以保证除焦器动作灵活好用，应保证除焦器在塔内的融化时间不小于 30min。

㉒ 关闭因防冻凝工作而打开的阀门。

㉓ 通知高压水泵岗位开泵。

3.2.1.2　除焦操作

（1）钻孔

① 将除焦器下到塔内 5m 后，联系开高压水泵，开启后检查塔顶高压水压力≤0.5MPa，旋转除焦控制阀开关由回流切至预充，确认相应的塔顶高压水球阀自开，检查塔顶高压水压力≥3.5MPa，且控制盘上预充完成指示灯亮，再由预充切至全开。

② 当高压水压力和流量正常后，启动风动马达（或水力马达）开始钻孔。

③ 一人在室内进行钻机绞车的操作，调节下钻速度均匀平稳，风动马达声音正常，严禁卡钻、顶钻。一人在塔底监视，防止跑焦、跑车现象的发生。另一人在塔顶口监视，防止钢丝绳松弛、钢丝绳脱槽、大钩倾斜、水龙带和风带吊挂在塔架上等现象的发生。

④ 钻孔时，先快速通过泡沫层，到焦层后，上提约 100mm，降低下钻速度，进行钻孔。若出现风动马达声音异常或钢丝绳松弛现象时，应立即提钻，恢复正常后再降低下钻速度，继续下钻。钻孔过程中，视支点轴承的振动、塔口气流、下部落焦及风动马达声音的不同可稍作停留，若焦炭较软，可直接下钻至焦炭塔底部。

⑤ 根据焦炭塔底部流出水量的大小和塔内气体的流动方向来判断钻孔完毕。钻通焦层后，切焦器下至下极限停止，避免冲击底盖机保护筒，严禁切焦器出塔底口以防伤人，停留数分钟把塔底锥体部焦打尽后，带水提钻杆（附带扩孔）。提钻进行扩孔，即带压提钻全程钻孔 2～3 次。操作人员通过除焦监视器观察落焦情况，决定提钻速度。钻孔时间一般为 0.5h。

⑥ 钻孔注意事项：

a. 钢丝绳应处于正常运行状态。

b. 风动水龙头填料密封不泄漏，风动马达声响正常。

c.严禁顶钻，顶钻时，塔顶钢丝绳张紧器自动停止绞车动作，防止钢丝绳跳槽。

d.注意绞车频率表的读数，不得超过全程的 1/2。

e.注意流量、压力变化，及时与泵房联系。

f.遇到卡钻，不能强制拉起钻杆，对塔顶井架支撑梁造成损伤。

g.注意其他岗位发来的信号。

（2）切换

提钻至焦层上部后停止，旋转除焦控制阀开关由全开至回流状态，确认相应的塔顶高压水球阀自关，观察塔顶高压水压力≤0.5MPa后，再旋转除焦控制阀开关由回流依次切至预充（确认相应的塔顶高压水球阀自开）、全开状态，进行切焦操作。切换时塔顶高压水的压力若＞0.5MPa，应停高压水泵，将除焦器提出塔口进行手动切换。

（3）切焦

① 切焦时，先打掉泡沫层，待通过除焦监视器或观察孔观察塔底除焦水中有焦块后，再以稍快的速度下钻至锥体段底部，自下而上缓慢切除锥体段焦炭，打出 2～3m 的空间后，迅速提钻至焦炭层顶部，由上往下进行切焦。

② 切焦间距约为 500mm，具体切焦间距控制方法如下：焦炭层顶部初始切焦时，控制下钻速度一定，最上面 0.5m，控制切焦时间为 T_1；然后下钻至中间 0.5m，控制切焦时间为 T_2；最后下钻 0.5m，控制切焦时间为 T_3（T_1：T_2：T_3 约为 3：2：1），以使焦层顶部形成漏斗状通道，避免切焦过程中焦块堵塞通道。

③ 以上工作完成后，提钻至顶部焦层，打净上部 0.5m 焦层（可根据水击声和底部水流含焦情况判断），再次下钻 1.5m（实际操作中，以减少除焦时间又避免塌方为原则灵活掌握切距和下钻速度），自上而下均分三段进行间歇式错位切焦。

④ 要时刻监视下焦情况，严禁跑焦、堵焦。

⑤ 除焦过程中注意各法兰、接头、密封等不得泄漏，支点轴承运行自如，无卡涩。

⑥ 切焦完毕，用切焦水再往复打一遍，防止悬壁焦的存在。

⑦ 确认除焦干净后，停风动马达的动力风，将除焦控制阀由全开状态依次切换至旁路、回流状态，向塔底发出信号，询问除焦情况，塔底确认无焦后再向高压水泵房发出停泵信号。

⑧ 接到高压水泵房停泵回讯后，确认塔顶高压水压力回零，提出钻杆，塔顶球阀自关。

⑨ 切焦过程注意事项：用安全防爆灯检查塔内除焦情况，若有存焦，应再次下钻，开泵除焦。钻杆提到位后，将钻机绞车的升降钮旋至中间，速度钮旋至最低，表盘停电，通知有关岗位上塔底盖。

（4）冬季防冻凝工作

① 除焦完毕，停高压水泵后，通风吹扫高压水系统管线。高压水泵房见风后，调小风量，长期吹扫，直至下一塔除焦前为止。

② 钻杆、风动水龙头、水龙带、除焦器系统吹扫至畅通，确认过风后调小风量，长期吹扫，直至下一塔除焦前为止。

③ 风线稍开排凝。

(5) 需要注意的事项

绞车上下钻切换前，必须将调速旋钮置于零速处；绞车换向操作必须在绞车钻杆停止上下时进行；调节绞车速度时，应逐步缓慢操作，杜绝快速操作、一步到位；绞车切换要缓慢，杜绝频繁切换，否则将损坏变频器或其他电气设备；停绞车时，必须将调速钮置于零速处；注意流量、压力变化，及时与泵房联系；注意绞车频率读数变化，及时处理；防止塌方，出现塌方后，切换钻孔与切焦状态，打通下焦孔；焦孔尽量扩大；防止落焦卡钻，打弯钻杆，损坏钻具，扭坏风机转轴；如焦炭太硬，可降低下钻速度，采用小切距(150～200mm)；绝对禁止使用自由坠钻操作；必须经常检查高压水系统，尤其是法兰接头处，检查高压胶管是否有泄漏，防止高压水泄漏造成事故。注意流量、压力变化，随时与泵房保持联系，注意其他系统发来的信号；除焦过程如发生塌方卡钻，操作人员必须特别注意，首先应使用钻机绞车在最低速度下起钻。禁止强行提钻，防止除焦设备损坏，一旦无法起钻，可采用其他方式起钻；严禁在除焦过程中切焦器超出塔底口，以防发生事故；钢丝绳应处于正常受力状态；钻机绞车蜗轮减速箱油池温升不能超过60℃。

3.2.1.3 上塔顶盖

① 检查垫片的完好情况，若过度磨损，要及时更换。

② 将密封面清理干净，检查密封面是否完好。

③ 按顶盖机关盖操作法关闭塔顶盖。

④ 进行工艺干空气试压，检查合格方可离开。

3.2.1.4 后续工作

① 将工具收回到工具箱中并将工具箱锁好。

② 按班长安排彻底清扫工作过程中产生的垃圾及杂物，清扫操作盘面，保持良好的工作环境。

③ 投用塔顶消防蒸汽。

④ 所有工作做完后，待班长检查合格，将操作室门锁好下班。

3.2.2 不正常现象及事故处理

(1) 顶钻

现象	原因	处理
①钢丝绳松 ②钻杆转速下降或停转 ③支点轴承振动剧烈 ④电流降低	①下钻速度太快 ②风压不足 ③风动马达故障 ④焦炭太硬	①稍停或上提钻杆，减缓下钻速度后再下钻 ②检查处理风线，恢复正常风压 ③停风处理 ④联系车间校对炉出口温度

（2）坠钻（溜钻）

现象	原因	处理
钻杆不受控制地下降	①制动系统失灵 ②钻杆脱扣 ③钢丝绳断	①紧急停高压水泵 ②联系钳工、电工修理制动系统 ③联系钳工、起重更换钢丝绳 ④调换风动马达转向

（3）钻杆旋转不动

原因	处理
①风压不足 ②风动马达发生故障 ③水龙头密封箱处冻结 ④支点轴承和钻杆连接处结冰 ⑤顶钻 ⑥卡钻	①检查并处理风系统,恢复正常风压 ②检修风动马达 ③用蒸汽处理冻结部位 ④参见顶钻、卡钻处理方法

（4）偏钻

现象	原因	处理
①钻杆与塔中心线不重合 ②支点轴承振动剧烈	①下钻速度太快 ②除焦器喷嘴堵塞或孔径不匹配	①上提钻杆对准倾斜处继续缓慢下钻 ②将除焦控制阀切换为回流状态,停泵后提出除焦器,清理或更换喷嘴

（5）堵眼

现象	原因	处理
除焦通道堵塞	①钻孔孔径小,切距大 ②焦炭质量差	①将切焦状态改为钻孔状态,重新钻孔、扩孔、切焦,调整好切距 ②缓慢下钻除焦,避免卡钻及跑焦事故的发生,同时通知车间调整操作,提高焦炭质量

（6）卡钻

现象	原因	处理
钻杆旋转不动	①钻孔期间高压水系统发生严重泄漏或停水 ②切焦下钻速度太快,造成塌方,焦层将除焦器卡住 ③钻杆转速太慢,风压不足	①立即停风动马达,按紧急停泵按钮停高压水泵,将绞车改为工频控制,将钻杆提出进行处理 ②严格按除焦程序除焦 ③降低下钻速度,并及时检查处理风系统

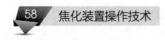

（7）塌方

原因	处理
切焦时下钻速度太快	①若尚未卡钻,应停止下钻,将除焦器由切焦状态改为钻孔状态,重新钻孔,待通道畅通后再改为切焦状态,控制好速度 ②若已卡钻,应立即停风动马达,将绞车改为工频控制,反复试提钻杆,如该措施无效,应紧急停高压水泵,重新装上塔底盖,重新给冷焦水,观察钻杆剧烈振动后恢复平静,即可启动绞车上钻。卡钻解除后停止给冷焦水,放水完毕后拆除塔底盖,按正常程序重新除焦 ③如上述措施无效,再给冷焦水,联系起重用手动葫芦拉钻杆,强行上钻

（8）跑焦

现象	原因	处理
焦炭大量跑出溜槽	①除焦太快 ②抓焦不及时 ③塔底盖装卸机跑车	①控制好除焦速度 ②根据溜槽的存焦量,调整除焦速度 ③及时联系抓焦班,加快抓焦速度 ④停止除焦,固定塔底盖装卸机后重新除焦

（9）水龙带

现象	原因	处理
水龙带剧烈摆动或打结	①高压水压力或流量突然变化 ②水龙带连接不顺畅	①立即切换高压水至回流状态,停泵停风动马达提钻处理 ②重新连接水龙带,保证顺畅

（10）支点轴承出轨

原因	处理
①钻杆弯曲 ②落焦时冲击钻杆 ③轨道弯曲 ④轨道有卡涩处 ⑤除焦器喷嘴堵塞或孔径不匹配,流量不平衡	①联系检修钻杆 ②严格按除焦程序除焦 ③校正轨道并注意保持轨道清洁 ④保持轨道清洁 ⑤清理或更换喷嘴

3.3　塔底操作

　　塔底操作岗位的主要任务是负责电动液压塔底盖装卸机和电缆滑车的日常操作和维护,并负责塔底盖装卸机的油压系统、起重柱塞、保护筒、电气设备、仪表、电缆滑车、风扳机、塔底盖、溜槽等设备的检查和维护。

3.3.1　塔底正常操作

塔底正常操作步骤如下。

（1）操作前的检查与准备

① 观察焦炭塔塔底压力表及温度表，联系工艺班组，确定焦炭塔内压力为零，塔顶温度低于80℃，放水完毕。

② 确认待除焦焦炭塔的阀门处于正确位置，关闭底部消防蒸汽。

③ 确认所有螺栓紧固，电动机绝缘电阻合格。

④ 确认行车钢丝绳是否灵活好用，有无打结现象。检查保护筒钢丝绳是否完好。

⑤ 确认行车轨道上无障碍物，电缆接头完好，电缆滑车无卡阻。

⑥ 行车减速机的油位及油压泵储油箱油位在1/2～2/3，油质合格，无漏油现象。

⑦ 旋臂灵活好用，各阀门、制动系统、压力表灵活好用。

⑧ 节流阀开度合适，放气阀打开。

⑨ 确认换向阀旋钮处于中间位置。

⑩ 确认风扳机润滑良好，风压正常，风线连接可靠，无漏风现象。

⑪ 讯号联系系统正常好用。

⑫ 工具和材料准备齐全。

⑬ 确认进料吹扫短节牢固。

⑭ 柱塞和保护筒升降平稳，上保护筒下降能到位，不得碰到塔底盖；下保护筒上提能到位，不得碰到平台。

⑮ 关闭因防冻凝工作而打开的阀门。

（2）油压系统操作

油压系统操作步骤如下。

① 打开起重柱塞上的放气塞。

② 拧下溢流阀帽套以备调整压力。

③ 按动按钮，启动油泵。

④ 分别对起重柱塞、升降柱塞排放空气。

⑤ 转动溢流阀调节螺杆，使压力表指在4MPa处。

⑥ 拧上溢流阀帽套。

⑦ 按起重柱塞上升按钮，即见起重柱塞缓缓上升，节流阀可以调节其速度，泄压后，起重柱塞回归原位。

⑧ 按升降柱塞上升或下降按钮，可以分别实现保护筒的上升或下降。

（3）塔底盖与托盘对中

① 启动行车传动机构的电动机，利用抱闸断续刹车，使起重柱塞上的托盘中心与塔底盖中心对正。

② 启动油泵，使柱塞缓慢上升，直至托盘顶住塔底盖。检查是否对中，如未对中，则将起重柱塞下降一些，重新对中。

（4）拆卸塔底盖螺栓和进料短节螺栓

① 转动旋臂调节风扳机位置，使之与塔底盖螺栓对中。

② 开启非净化风管路阀门。

③ 开动风扳机，两人配合拆卸塔底盖螺栓和进料短节螺栓。逐次对角卸下螺栓，所有螺栓卸完后，关闭非净化风阀门。

工作标准：

① 此步骤要小心，防止塔内残存热水流出烫伤人。

② 劳保齐全，如果闻到塔底 H_2S 气体泄漏，应立即撤离做好防护后才能继续工作。

③ 拆下的螺栓逐条拧上螺母整齐摆在工具架上。

④ 使用风扳机时必须握紧风动扳头，防止风动扳头或螺帽飞出伤人。

（5）卸下塔底盖

① 按起重柱塞下降按钮，塔底盖随起重柱塞缓慢下降，直至最低位。

② 启动行车，准备对中保护筒。

（6）罩上保护筒

① 启动行车传动机构的电动机，利用抱闸断续刹车，使保护筒对中焦炭塔下部出焦口，检查保护筒、支撑杆等活动部件与其他部位无接触。

② 启动油泵，按保护筒上升按钮，保护筒升起套住焦炭塔下部出焦口后停泵，用垫板将支撑垫好，准备除焦。

（7）卸下保护筒

① 接到塔顶、泵房通知：高压泵停运，具备封塔底盖条件。

② 按保护筒下降按钮，使保护筒回归原位。

（8）安装好塔底盖钢垫圈

清理塔底盖及短接法兰密封面，确认底盖弯头畅通，两人配合水平放入垫片。

（9）塔底盖对中

① 启动行车传动机构的电动机，利用抱闸断续刹车，使起重柱塞上的托盘中心与塔底盖中心对正。

② 启动油泵，使柱塞缓慢上升，直至托盘顶住塔底盖。检查是否对中，如未对中，则将起重柱塞下降一些，重新对中。

（10）拧紧塔底盖螺栓

① 转动旋臂调节风扳机位置，使之与塔底盖螺栓对中。

② 打开非净化风阀门。

③ 用风扳机按对角线拧紧塔底盖、进料短接螺栓。

工作标准：

① 螺栓回装紧固必须按对角线依次安装紧固，防止螺栓紧固不均造成法兰泄漏。

② 使用风扳机时必须握紧风动扳头，防止风动扳头或螺帽飞出伤人。

（11）设备回归原位

按下起重柱塞下降按钮，使托盘缓慢下降到底，停泵。

（12）停车

启动行车，开回原处，停车。

注意冬季做好防冻凝工作，应该将非净化风管的阀门稍开进行排凝，并加强对切水工作的收尾。

（13）工作收尾

① 将工具收回到工具箱中并将工具箱锁好。

② 清理7m除焦区卫生。

③ 通知工艺岗位试压，合格后，投用消防蒸汽。

④ 按班长统一要求清理其他区域跑焦。

⑤ 冬季按分工做好岗位防冻凝工作。

以上工作班长验收合格后，岗位下班离岗。

注意事项：

① 用溢流阀调定润滑油压力不大于6.3MPa。

② 油箱放气塞要常开。

③ 拧紧塔底盖螺栓的整个过程中，不得停止油泵运转。

④ L-HL46液压油4～6个月更换一次。

⑤ 升降柱塞和保护筒时要保持平稳，避免歪倒砸伤。

⑥ 出现其他异常情况时，要慎重分析解决。

3.3.2　塔底不正常现象及事故处理

塔底盖装卸机不正常现象及事故处理如表3-2所示。

表 3-2　塔底盖装卸机不正常现象及事故处理

序号	故障现象	故障原因	解决方法
1	行车启动缓慢或者有振动	①制动器预紧力过大 ②制动器推杆行程不够	参阅制动器说明书进行调整
2	行车刹车距离过长,定位不准	①制动器预紧力过小 ②制动器摩擦片磨损 ③轨道有油	①调整制动器预紧力 ②更换摩擦片 ③清理轨道
3	油压起重柱塞有泄漏	密封圈磨损	①调整压环,增大预紧力 ②更换密封圈

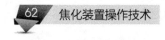

续表

序号	故障现象	故障原因	解决方法
4	液压系统压力不稳定或压力过低,调节不灵敏	①滤油器堵塞 ②油路或集成块有泄漏 ③溢流阀有所损坏 ④液压油黏度增大	①清洗或更换滤油器 ②检查泄漏点,采取相应解决方法 ③检修溢流阀 ④更换液压油
5	油压起重柱塞升降缓慢	①调定流量过小 ②密封圈预紧力过大	①调整溢流阀压力 ②调整压环的预紧力
6	保护筒升降不同步或有卡阻	①内外保护筒不同心 ②分流集流阀不同步 ③升降油缸四支撑面不在同一水平面内或者不平行 ④设备变形	①调整内保护筒的位置 ②调节分流集流阀以达到同步 ③测量升降油缸的水平高度及垂直度 ④矫正设备变形
7	升降油缸有泄漏	密封圈磨损或老化	更换密封圈
8	下保护筒升降有卡阻	下保护筒与外保护筒不同心	①调节4根钢丝绳长度 ②检查锁紧支撑杆
9	自锁机构工作不正常	①弹簧疲劳损坏 ②自锁活塞磨损 ③打开自锁的液压油压力需调整	①更换弹簧 ②更换自锁活塞 ③重新调整液压油压力
10	下保护筒提不到位	①上保护筒降不到位 ②钢丝绳松弛或断	①上保护筒降到位 ②联系钳工调紧或更换钢丝绳

3.4　高压水泵操作

　　高压水泵岗位的主要任务是负责高压水泵机组及其润滑油冷却系统、除焦水罐、除焦控制阀、控制仪表、高压水管线、除焦水提升泵等设备的日常操作、维护及巡检,并做好高压水泵运转状态的记录,同时负责辖区内卫生和消防器材的维护管理。

3.4.1　高压水泵正常操作

3.4.1.1　机组联锁报警

　　机组联锁报警见表3-3。

表 3-3　机组联锁报警

仪表位号	回路名称	单位	报警值	高高限报警值	联锁停机值	备注
TE1604	泵径向轴承温度	℃	70	80		
TE1603	泵止推轴承温度	℃	70	80		
TE1607	电动机定子绕组温度	℃	150	155		

仪表位号	回路名称	单位	报警值	高高限报警值	联锁停机值	备注
PT1611	润滑油出口总管压力	kPa	70		1000	三取二
PDT1861	油站过滤器压差	kPa	25			
ZE1610A	泵轴位移	mm	−0.65/0.1		−0.8/0.12	二取二
VE1610	泵轴振动	um	70	100		二取二
PI1610	水泵入口压力	kPa	600			
LTI1861	油站油箱液位	mm				
TE1861	润滑油箱温度	℃	34.3			

3.4.1.2　高压水泵系统操作步骤

(1) 高压水泵系统使用前的检查与准备

① 提前半小时启动润滑油泵，改好油路流程：P1119 待运行泵总进油阀打开，另一台总进油阀关闭。检查油箱油位保持在 2/3 左右，启动辅助润滑油泵，建立润滑油系统，具体方法如下：

a. 油箱排污检查合格，确认辅助润滑油泵出、入口阀、充油阀打开，冷油器、过滤器及控制阀投用，各旁通阀及排凝阀关闭。

b. 启动润滑油泵，确认润滑油总管压力≥0.12MPa。

② V1601 液位正常，满足除焦要求。

③ P1119 启泵前必须盘车灵活，检查 P1119 泵、电动机冷却水投用正常

④ 控制盘送电，PLC 显示器开机，确认各仪表指示、报警联锁正常。

⑤ 确认各机泵地脚螺栓齐全完好、无松动，联轴器完好，电动机接地线完好，润滑油看窗清洁。

⑥ 确认管线连接正常，有关阀门开关正确。

⑦ 润滑油油温过低循环困难时，投用电加热器，加热到 45℃后，停电加热器。

⑧ 打开高压水泵入口阀和出口放空阀，进行灌泵赶空气，出口放空阀见水后，关闭放空阀。

⑨ 投用密封冲洗水，并保证压力在 0.2MPa 左右。

⑩ 冬季通知司钻人员停吹扫风，关闭管线防冻凝放空阀。

⑪ 检查确认高压水泵启动条件，具体如下：

a. 润滑油总管压力≥0.12MPa。

b. 高压水泵吸入口压力≥0.02MPa（g）。

c. 除焦控制阀在回流位置，回流指示灯亮。

d. V1601 液位为 12m。

e. 高位油箱≥150mm。

f. 选塔正确。

⑫ 与调度、总变电及司钻人员联系，高压水泵处于随时启动状态。

（2）高压水泵的启动

① 接司钻、塔底的开泵信号（除焦器进入塔内 5m 以下），确认达到开泵条件，允许开泵指示灯亮后，按下启动按钮，启动高压水泵，此时该泵的运转指示灯亮。

② 注意电流变化，若电动机启动后电流超标，应停泵检查。

③ 检查泵出口压力（与电流矛盾时，以控制电流为准），泵推力轴承温度＜80℃，泵轴承温度＜70℃，电动机轴承温度＜85℃，电动机定子绕组温度＜130℃，机泵的振动及位移无异常。

④ 严格控制高压水泵的连续启动次数：冷态 2 次，热态 1 次。若启动不起来，应查找原因并处理后再启动。

（3）运行中的检查与维护

① 检查各机泵温度，润滑油温度、压力，除焦控制阀阀位等是否正常，并做好记录。发现异常，应根据主控制盘仪表显示系统的参数变化情况及自保系统的报警情况，及时判明原因，进行处理。

② 检查密封泄漏情况和密封水的压力。

③ 检查除焦水罐液位及除焦水提升泵的运行情况，及时清理过滤器，水位偏低时要及时补水。

④ 保证除焦水在沉降池、除焦水罐中的沉降时间，及时联系行车清理沉降池中的焦粉。

⑤ 定期对除焦水罐底部进行吹扫和搅拌，将含焦粉污水排至粉焦池。

⑥ 定期做润滑油的各项指标分析。

⑦ 经常检查过滤器的使用情况，润滑油过滤器两组，可以切换使用，其压差不大于 0.10MPa，应经常清洗过滤器滤芯，正常运转时使用其中一组。两组过滤器的出、入口分别用两个三通阀连接，并设旁路连通线，使其之间的压力相等和保持热油流动，有助于切换操作。其切换方法如下：

a. 缓慢打开旁通阀。

b. 稍微打开备用过滤器的上部通气阀，当回流看窗有稳定的油流通过时，关闭上部通气阀。

c. 转动三通阀的控制杆，使油流向备用过滤器。

d. 关闭旁通阀，打开原过滤器的下部排空阀，将存油排净，拆卸并清洗过滤器。

e. 清洗完毕回装后，关闭下部排空阀，缓慢打开旁通阀和上部通气阀，使油充满过滤器备用。

（4）停泵

① 接到司钻的停泵信号后，观察控制盘上的除焦控制阀回流指示灯亮，确认除焦完毕，按停泵按钮，高压水泵运转指示灯灭。如果停泵按钮失灵，应从现场停泵，或联

系司钻启动塔顶就地盘面上的紧急停泵按钮进行停泵操作。

② 待除焦水罐溢流见水后，停除焦水提升泵。

③ 当轴承温度≤45℃时，停辅助润滑油泵，关闭冷却水。

④ 冬季做好防冻凝工作，联系司钻给风吹扫高压水线，除焦水罐排空稍开排凝，当除焦结束后停 P1241、P1242 泵。

⑤ PLC 显示器关机，系统断电。

⑥ 清理卫生，整理记录，做好下次开泵的准备。

（5）正常操作与维护

① 经常对泵的进出口压力、电动机电流、轴瓦温度、振动、声音、润滑油系统、冷却水畅通情况进行检查，并控制在规定的范围内。检查润滑油量、油质、油压等的工作情况，轴承箱不应有漏油现象。要求轴承温度波动小，当油温接近报警温度时，应检查冷却水并调整。

② 倾听泵和电动机的运行声音，如有不正常现象、噪声、振动等情况，查明原因，及时处理。

③ 密切注意机械密封，查看两路密封冲洗水压力及密封温度。检查泵和电动机的工作情况，若发现不正常噪声或振动，应查看主控柜显示操作面板的显示信号，及时汇报处理。

④ 注意主控柜显示操作面板各点自保报警信号。

⑤ 若高压水泵启动不起来，应及时联系有关人员，查明原因再启动；但连续不得超过两次。经电工检查处理好后，并得到同意才能开启。

（6）后续工作

① 将工具收回到工具箱中并将工具箱锁好。

② 彻底清扫工作过程中产生的垃圾及杂物，清扫操作盘面，保持良好的工作环境。

③ 冬季做好防冻凝工作。

④ 所有工作做完后，将操作室门锁好下班。

以上工作待班长检查合格后撤离。

注：① 各岗位下班前全面检查设备问题，汇总到班长处组织处理。

② 焦炭塔顶、底开盖期间属于气体爆炸区间，严禁各类产生火花的工作，塔顶、底封盖后方可进行。

3.4.2　高压水泵不正常现象及事故处理

（1）泵出口压力低

① 检查泵入口压力和除焦水罐液位。

② 检查出口压力表是否失灵，如失灵，应更换。

③ 检查高压水管线系统是否出现大量泄漏，如出现大量泄漏，应停泵处理。

④ 检查除焦器喷嘴孔径是否合适，若过大，应停泵更换喷嘴。

⑤ 检查泵的旋转方向是否正确，如不正确，应停泵联系电工处理。

⑥ 泵发生气蚀时，应停泵、灌泵，重新启动。

（2）电动机及泵体振动过大

① 检查各地脚螺栓是否松动，如松动，应联系钳工处理。

② 检查轴承是否损坏，如损坏，应联系钳工处理。

③ 检查泵是否抽空，如抽空，应判明抽空原因，消除后，重新灌泵、开泵。

④ 检查联轴器的对中性，如对中不好，应联系钳工处理。

⑤ 转子不平衡，应联系钳工处理。

⑥ 叶轮松动，应联系钳工处理。

（3）轴承过热

① 检查润滑油油质、油温、油压等情况，如不合格，应分别置换润滑油、调整润滑油冷却水量、调整润滑油压力至合适。

② 电动机轴与泵轴同心度差，应联系钳工处理。

③ 检查轴承冷却水系统，加大冷却水的给水量。

④ 振动摩擦严重，轴承损坏，应联系钳工处理。

（4）润滑油油压低

① 检查油泵入口管线是否堵塞或泄漏，如堵塞或泄漏，应停泵处理。

② 检查润滑油油箱液位，如液位过低，应及时加入合格润滑油。

③ 检查润滑油过滤器差压，差压过高，切换过滤器，并对原过滤器清理。

④ 检查润滑油调压阀是否失灵，如失灵，应停泵进行校正。

⑤ 油泵故障，应联系钳工处理。

（5）电动机超负荷

① 检查轴承是否损坏，如损坏，应联系钳工处理。

② 电压过低，电动机超电流，应联系电工处理。

③ 电气设备故障，应联系电工处理。

④ 泵流量过大，应调整操作，减小流量。

⑤ 轴承有问题，存在动不平衡，应联系钳工处理。

⑥ 检查除焦控制阀是否漏量。

（6）流量不够

① 阀门开度不够。

② 入口过滤器堵塞。

③ 吸入管内有气体。

④ 泵本身故障。

⑤ V1601 液位太低。

3.5　抓斗机操作

抓斗机岗位的主要任务是负责两台 5 吨抓斗机的日常操作，负责抓斗机、电缆、滑车、电气设备、钢丝绳、轨道等的检查、维护和保养，对岗位所属其他设备进行日常的维护保养及检查。

3.5.1　抓斗机岗位操作

抓斗机岗位操作法如下。

（1）开车前的准备和检查

① 在关闭电源总开关的情况下，方可进行检查。

② 大小车轨道无障碍物且固定可靠、无变形。

③ 抓斗螺栓无松动，钢丝绳无断裂。

④ 钢丝绳润滑良好，无脱槽、叠压现象。

⑤ 大小车各轴承润滑良好。各减速机机油箱的油质、油面合适。

⑥ 各对轮联轴器连接可靠，无松动现象。

⑦ 小车电缆滑车、滑轮灵活好用。

⑧ 各控制器灵活好用。

⑨ 大小车电动机和卷筒电动机的固定螺栓和轴承螺栓无松动现象。

⑩ 大小车行程开关灵活好用。

⑪ 保险开关灵活好用。电缆接头无松动现象。

⑫ 过载保护装置及零位保护装置灵敏灵活，绝对安全可靠。

⑬ 制动器与被制动两边间隔相等合适，安全可靠。

⑭ 电缆无断裂破皮现象。

⑮ 大车或小车上不得有人或其他物品。

（2）正常操作

① 推上总开关，送保护电源，启动大车并注意行车声响和振动情况，其行车速度由慢到快逐渐增加挡位。

② 启动小车到除焦塔底溜槽处停车，小车快到溜槽时，降低其行速，避免撞击缓冲口。

③ 操作张合手柄控制器启动张合卷筒电动机，张开抓斗，同时操作升降手柄控制启动升降电动机将抓斗放到要求地点进行抓焦，抓焦后启动升降电动机提起抓斗，其提升高度必须高出抓斗运行路线上最高障碍物 0.5m 以上。抓焦过程中严禁斜吊、斜拉，抓焦时，钢丝绳要垂直。

④ 提升后启动小车和大车。将焦炭卸到指定地点。

⑤ 抓焦完毕后，大车应开到指定地点，将控制器置于零位，拉下电源总开关。

⑥ 抓斗装车皮时，要避免大焦块砸坏车皮。

⑦ 开车中，注意有无异常声音和气味，经常检查磁力抱闸、电动机磁力接触温升，严防损坏。

⑧ 抓斗停用后，应按开车前的检查内容进行全面检查，发现问题及时处理。

⑨ 作业过程中严禁野蛮开车，出现问题及时处理。处理未完毕，严禁继续作业。

⑩ 应详细记录检查及作业过程中发现的各种情况。

（3）抓斗机岗位操作要领

① 稳定抓斗：当抓斗向前摆动时，开小车向抓斗去的地方跟车，当抓斗前摆到终点快要向回摆时停小车，使钢丝绳垂直；当左右摆动时，调控大车手柄，也可用紧急停车的方法稳定抓斗。

② 大小车运行操作：注意启动大小车应轻稳，防止抓斗摆动。必须养成逐渐加速的好习惯，同时应避免反复启动，严禁用急打反车的方法来稳定抓斗，运行中抓斗钢丝绳应同时受力。

③ 抓斗的抓焦和卸焦：抓斗抓焦前要力求一次对准焦堆，抓焦时钢丝绳要垂直，同时要适当放松升降钢丝绳，防止升绳过短致使抓斗抓不满焦，同时更应防止钢丝绳放行过长，而致使钢丝绳在提升时缠绕在轴上，或挤进轮里损坏钢丝绳。

3.5.2　抓斗机的维护保养

抓斗机的维护保养制度包括每天、每周和每月对抓斗机的检查、维护和保养内容，具体如下。

（1）每天开车前司机应对行车进行全面检查处理的内容

① 各减速器电动机的地脚螺栓紧固情况。

② 各减速器油量及泄漏情况。

③ 各抱闸刹车片磨损情况，制动器的使用情况。

④ 所有紧固件（联轴器、制动器、制动轮与轴的连接螺栓、轴与滚筒或车轮的连接螺栓等）的紧固情况。

⑤ 钢丝绳在滚筒上的缠绕情况，固定螺栓的紧固情况及钢丝绳的磨损情况。

⑥ 检查电铃、各安全装置是否灵敏可靠。

⑦ 电缆小滑车、电缆及滑触线的情况。

（2）每星期一做重点检查、调整处理的内容

① 大车轨道、轨道压板、压板紧固螺栓的工作情况，如发现松动应予以紧固。

② 抱闸检查调试，制动器上的各锈接点滴注机械油一次。

③ 电缆小滑车各连接螺栓紧固情况、炭刷磨损情况、滑触线接头松紧情况。

④ 钢丝绳检查加油保养一次，如磨损严重应及时更换。

⑤ 抓斗所有黄油嘴加注黄油一次，并检查滑轮轴承及滑轮的磨损情况。

⑥ 检查大、小车是否啃轨。

⑦ 及时更换损坏的集电点线。

⑧ 彻底清扫卫生一次。

（3）每月5日对行车作一次保养（每月一次）的具体内容

① 联轴器、滚筒、轴承座各黄油嘴加注黄油一次。

② 检查抓斗钢结构部分是否有螺纹、脱焊及滑轮的磨损情况。

③ 请电工检查控制屏、保护盘、控制器、电阻器及各接线座、接地螺栓的紧固情况，对大车、小车导电装置检查调正。

④ 请电工检查控制器的接头是否紧贴吻合。

⑤ 钳工对各传动机构检查找正，对刹车片检查更换。

3.5.3 抓斗机不正常现象及事故处理

（1）钢丝绳的破坏过程及特征

钢丝绳通过卷绕系统时，反复弯曲和伸直并与滑轮或卷筒槽摩擦，越是在工作繁忙的条件下，此现象便越严重。经过一定时间，钢丝绳表面的钢丝发生弯曲疲劳与磨损，表面层的钢丝绳逐渐折断；折断的钢丝数量越多，其他未断的钢丝承受的拉力越大，疲劳与磨损越严重，断丝速度越快。当断丝数发展到一定程度，便不能保证钢丝绳必要的安全性，这时钢丝绳就必须报废，不能再继续使用了，否则就会整根断裂。钢丝绳磨损快的原因：滑轮与钢丝绳接触不均匀；处理方法：调整钢丝绳或滑轮。

（2）行车抓斗坠落的原因及处理方法

原因：①抱闸失灵；②滚筒键损坏；③钢丝绳脱落；④制动轮上有油。

处理方法：①调整抱闸；②联系钳工处理；③钢丝绳重新把紧固定；④擦净油污。

（3）行车制动器的调整和要求

针对行车制动器需要对以下内容进行调整：调整弹簧工作长度；调整两制动臂的活动量；调整制动电磁铁的行程；调整两闸瓦与闸轮间隙。

对行车制动器的要求包括以下内容：要特别注意活动件的灵活可靠，不得紧死；同时要注意行车发生制动作用后，在惯性作用下继续运动一段距离，这段距离称惯性行程（指带有额定负荷时的惯性行程）。调整制动器时必须保证必要的制动行程，根据经验证明，平移机构惯性行程为其运行速度的1/15左右较好；而起升机构在满载下降时的惯性行程为50～100mm为宜，约为起升速度的1/100，不能调得太紧，否则制动行程过小，重物下降会产生一个过大的冲击，会引起主梁振动和冲击，还可能使钢丝绳断裂。

（4）大车啃轨的原因及处理方法

原因：①车轮歪斜；②主动轮的直径不等；③轨道缺陷；④传动系统的啮合间隙不等。

处理方法：重新移动车轮位置，用对角线调整方法。

（5）行车抓斗只能张不能合或只能合不能张的原因和处理方法

原因：①接触器接触不良；②线路断或抱闸打不开；③熔丝损坏。

处理方法：①检查修理；②重新接线修理抱闸；③更换熔丝。

（6）大小车挂挡后行走不动或速度太慢的原因和处理方法

原因：①电源少相；②线路短路；③线路接触不良；④电阻烧坏；⑤电动机本身故障；⑥终点开关接触不良；⑦抱闸张不开。

处理方法：①～⑥联系电工处理；⑦调整或检修抱闸。

（7）行车送不上电的原因和处理方法

原因：①安全开关没有给上；②控制器没有回零位；③行程开关接触不良；④总电源接触不良；⑤电源安全保护跳开未合上。

处理方法：①给上安全开关；②控制器回到零位；③～⑤联系电工检查修理。

第 4 章

焦化分馏岗位生产操作

4.1 分馏岗位工艺流程

　　来自焦炭塔塔顶的高温油气混合物作为分馏塔的进料，在分馏塔内按照沸点范围进行分离，塔顶采出富气、粗汽油，侧线采出柴油、蜡油，塔底采出循环油。

　　浩业焦化装置分馏岗位流程如下。高温油气混合物自焦炭塔顶至分馏塔下段，经过洗涤板从蒸发段上升进入蜡油集油箱以上分馏段。循环油自焦化分馏塔底抽出，经循环油泵 P-1203/AB 后一部分返回到原料油进料线与渣油混合进加热炉缓冲罐 V-1211。另一部分经原料油循环油换热器 E-1211/A-D 换热后分两路，一路作为回流返回焦化分馏塔人字挡板上部和塔底部；另一路经 E1215 循环油冷却器冷却后出装置。

　　蜡油从分馏塔 T-1202 自流进入蜡油汽提塔 T-1203，塔顶油气返回分馏塔，塔底油由蜡油泵 P-1204/AB 抽出后分两路，一路作为内回流返回至分馏塔第 8 层，另一路经稳定塔底重沸器 E-1306、原料油蜡油换热器 E-1204/AB 换热后又分为两路。一路作冷回流返回分馏塔第 11 层，另一路再经蜡油蒸汽发生器 SRE-1202、蜡油脱氧水换热器 E-1212/A-D、蜡油除盐水换热器 E1212/E-F 和蜡油冷却水箱 E-1210 冷却到 90℃后，再分四路：一路送至焦炭塔作急冷油；一路去封油罐做封油；一路去放空塔补油；最后一路送出装置。

　　中段回流油由中段回流泵 P-1205A/B 抽出，经解吸塔底重沸器 E-1303、中段油蒸汽发生器 SRE-1201 后，返回分馏塔。

　　柴油从分馏塔 T-1202 自流进入轻柴油缓冲罐 V-1218，顶油气自罐返回至分馏塔，罐底柴油由柴油泵 P-1206/AB 抽出后，经原料油柴油换热器 E-1203/AB 后分为两路。一路作冷回流返回分馏塔 25 层；另一路经柴油富吸收油换热器 E-1205、柴油空冷器 A-1203/AB、柴油水冷器 E-1206/AB 冷却至 40℃后又分为两路：一路由再吸收油泵 P-1307/AB 送至再吸收塔 T-1304 作为吸收剂；另一路作为冷出料送至罐区。

分馏塔顶循环回流由顶循环回流泵 P-1207A/B 抽出，经顶回流除盐水换热器 E-1202 和顶循环油空冷器 A-1202/AB 冷却到 75℃后返塔。

分馏塔顶油气（107℃）经分馏塔顶空冷器 A-1201/A-D、分馏塔顶水冷器 E-1201/A-D 冷却到 40℃，进入分馏塔顶油气分离罐 V-1202，进行油、气、水三相分离。粗汽油由泵（P-1208/AB）送至吸收塔 T-1301 顶部。富气至富气压缩机 C-1301 升压。

压缩机级间冷却产生的含硫污水送至分馏塔顶油气分离罐 V-1202，然后经含硫污水泵 P-1214A/B 与接触冷却塔顶含硫污水、富气洗涤产生的含硫污水和稳定塔顶产生的含硫污水汇合出装置。分馏部分原则流程图见图 4-1。

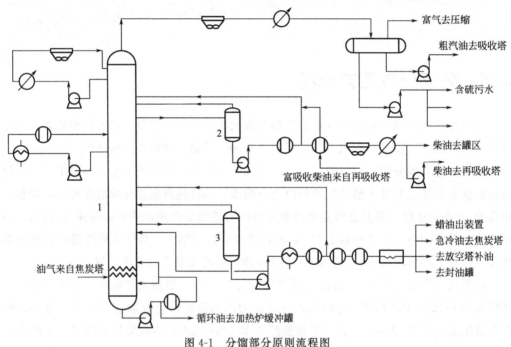

图 4-1　分馏部分原则流程图

1—分馏塔；2—柴油缓冲罐；3—蜡油汽提塔

4.2　分馏塔及其操作

分馏岗位主要设备有分馏塔、汽提塔、三相分离器、换热器和泵等，其中分馏塔是完成产品分离的核心设备。

4.2.1　分馏塔

焦化分馏塔上段为精馏段，下段为脱过热段。焦炭塔来的过热状态的高温油气进入分馏塔下段脱过热段，与人字挡板上向下流动的循环油或原料油逆流接触，洗涤油气中夹带的焦粉，并使油气部分冷凝，冷凝下来的重组分为循环油。未被冷凝的气相混合物按挥发度不同经过分馏塔上段精馏段的逐级分离，自下而上侧线分别得到蜡油、柴油，塔顶得到汽油和富气，经过分馏后确保各馏分的质量符合要求，送下一工序加工处理。不同的工艺流程中，在分馏塔内与高温油气换热的物料不同，可能是焦化原料，也可能是循环油。

焦化分馏塔的作用有两方面，一方面是分馏，另一方面是洗涤换热，其主要目的是分馏。设置精馏段的主要作用是将脱过热后的反应油气通过传质传热完成产品分离。设置脱过热段可以起到以下四方面的作用。

① 将反应油气脱过热，把循环油馏分冷凝下来。

② 控制焦化蜡油的干点。

③ 洗涤反应油气从焦炭塔携带的焦粉，减轻分馏塔产品特别是焦化蜡油中的焦粉量。

④ 调整循环油切割点或循环比，优化焦化产品分布。

焦化分馏塔是一个筒体，顶部和底部为封头。分馏塔内部结构一般上部为若干层塔板，下部为挡板。在塔顶、塔侧和塔底有抽出或回流口，并有为方便检修操作的平台、走梯和人孔等。分馏塔内的塔盘是提供气、液两相接触的场所，塔盘在我国常见的是：泡帽塔盘、槽形塔盘、S形塔盘、舌形塔盘、浮阀塔盘、筛板塔盘、筛板-浮阀塔盘和浮动喷射塔盘等。目前焦化分馏塔多用浮阀塔盘和舌形塔盘两种。

浩业焦化分馏塔的直径为3200mm，由于浮阀塔盘具有操作弹性大等优点，塔内共设35层浮阀塔盘，进料段设有7层人字挡板，采用苏尔寿专利产品 VG-AF^{TM} 塔盘及 BDH^{TM} 浮阀塔盘。轻蜡油汽提塔的直径为1200mm，塔内共设6层塔盘，塔板间距为600mm，采用苏尔寿专利产品 BDH^{TM} 高效浮阀塔盘。

洗涤脱过热段一般使用挡板，常规采用5~6层人字形挡板。由于焦炭塔直径较大，油气和洗涤油进料分布不均匀将导致塔内传质传热效率降低，使焦炭塔内局部温度过高，引起挡板结焦。为了保证高温油气和洗涤油充分接触，分别使用不同类型的分布器，使油气在塔截面上分布更均匀，洗涤油对油气的洗涤效果更好。

焦炭塔底一般可以设置滤焦器，以防止焦块进入管线带入泵或其他设备，影响正常生产。部分焦化装置也采用循环油系统将焦粉滤除的方法。

4.2.2　分馏塔的回流方式

分馏塔塔顶取热方式一般有两种：顶循环回流（顶回流）和顶冷回流，浩业焦化分馏塔没有设置塔顶冷回流，而是设有塔顶循环回流，同时设置了塔中段循环回流。

（1）塔顶循环回流

塔顶循环回流是塔顶循环油从塔内抽出，经过冷却后再送回塔内，物料始终处于液相，只是借助冷换设备取走热量。设置顶循环回流的主要作用有三方面：

① 回收塔顶部分热量，一般根据温位匹配情况来加热物料或低温水，降低装置的能耗。由于沿焦化分馏塔，越往塔顶油品的组成越轻，汽化单位油品所需热量就越小，而越往塔顶温度越低，所需要取走的热量则越多，因此设置顶循环回流可以回收塔顶部分热量。

② 由于分馏塔顶馏出物中含有较多的不凝气，使塔顶冷凝器的传热系数降低，采用塔顶循环回流可以大大减少塔顶冷凝器的传热负荷，避免使用庞大的塔顶冷凝器群，节省设备投资。

③ 控制分馏塔顶温度和粗汽油干点。

为了确保分馏塔内精馏过程的正常进行，在采用顶循环回流时必须在循环回流的出入口之间增设 2~3 块换热板，以保证其在流入下一层塔板时能够达到相应温度。

（2）中段循环回流

焦化分馏塔里的热量是靠塔顶循环回流、中段循环回流及其产品带出而保持平衡的。如果只有产品和塔顶回流带出热量，这样操作会不平稳、不经济，热量也无法充分回收。

中段回流是从塔的某层用泵抽出物料经过换热后又送入塔的上面几层塔盘上。当它在进口塔盘往下流动时就和上升的油气换热，一般相隔 3~4 层塔盘，只能使气相中的重质组分冷凝，实际上起不到精馏作用，回流入口以上塔盘的液相负荷明显减少，分馏效果变差，塔盘效率降低。这种回流依靠油品不同温度下的显热变化来取走热量，所以回流量要大。

中段回流使塔内的热量从塔的中部取走一部分，大大减少了塔的上部回流量，使塔内的气相负荷分布比较均匀，相同处理量下的分馏塔直径可大大缩小。同时因中段回流温度比塔顶回流温度高，热量便于回收利用，可以用其热量产生水蒸气，节约投资费用。

中段循环回流一般设置在柴油抽出口及蜡油抽出口之间，中段回流抽出口一般设置在蜡油抽出口之上的 6~8 层塔盘，主要原因是如果抽出口太靠近蜡油抽出口，会导致回流上方的塔板液相回流量大减，塔板效率降低很多；回流返塔入口一般与柴油的抽出板隔一层塔板，如果返塔口紧挨着柴油抽出口，有可能会有部分中段循环回流混入柴油中使其干点升高。

根据柴油干点或 95% 点控制指标不同，中段循环油抽出温度在 300℃ 左右，一般用来预热装置内原料或热输出到吸收稳定系统做重沸器热源，还可以产生 1.0MPa 蒸汽，210℃ 左右返塔。

（3）产品循环冷回流和泵后热回流

焦化分馏塔除了安排顶循环回流和中段回流之外，还设置了两个产品循环冷回流，即柴油冷回流和蜡油冷回流，其控制原则是在保证产品分离精度基础上合理取热。在正常操作中分馏塔各相邻塔板间的温差越小越好，自上而下从低到高形成相对均匀的温度梯度，以确保比较理想的分馏效果。在此基础上，根据原料的性质、产品分布情况及质量要求、分馏塔压降来具体调节产品循环回流，使各侧线抽出的馏分尽量不重叠，保证产品量及质量。

根据生产操作经验，为使装置开工时快速建立液位，分馏塔内分别设置了顶循环回流、柴油和循环油的集油箱，流程设计上也增加了抽出泵后的热回流返塔线，作用相当于内回流，保证了下游塔盘上有足够的液相回流。

延迟焦化分馏塔由于受到焦炭周期产生的影响，给操作带来一定的困难，同时要求分馏塔有较大的弹性。另外，焦化分馏塔是气相进料，热量相当充足，为了有效利用这些热量，在分馏塔下半段增加了原料油预热或循环油换热。油气中的重组分被冷凝一部分进入塔底，成为焦化加热炉、焦炭塔的原料油，这部分油又叫循环油。

4.2.3 分馏塔的操作条件控制

焦化分馏塔是延迟焦化整个装置物料平衡和液体产品质量的关键，其操作的微小波动都会给整个装置操作带来影响。分馏塔的操作主要是要处理好全塔物料平衡和热量平衡，同时控制好产品质量，并且防止塔顶的结盐和塔底结焦。而物料平衡和热量平衡又是受焦炭塔周期性生产支配的影响，需要操作人员认真掌握这些周期性变化规律，才可以做到平稳操作。分馏塔操作水平表现在产品质量好、收率高，也要摆正质量和数量的关系，既不能追求数量多、收率高而不顾产品的质量指标，也不能为了求得质量优而把收率压得很低。

分馏塔岗位的操作要想平稳，首先是分馏塔的各进料量（原料量、油气量、回流量）和各进料的温度要平稳，这要靠加热炉和焦炭塔操作来保证；分馏塔的塔顶压力是靠压缩机的平稳操作来保证的。抽出量的大小影响塔盘上的液体负荷，回流量的大小首先影响热量分布，随之引起气、液相负荷也发生变化。当温度不变而压力高时，油品的汽化速度减慢，压力降低时汽化速度加快；当压力不变时，温度降低油品的汽化速度减慢，反之则加快，常见的温度、压力波动必然影响液面变化。因此，必须做好各部分的温度和抽出量、回流量以及液面的控制。浩业公司分馏塔的具体操作如下。

（1）塔顶温度控制

在一定压力条件下，塔顶温度是根据汽油干点来调节控制的。若汽油干点高，则塔顶需要控制较高的温度；反过来塔顶温度高，汽油干点也高，因此控制塔顶温度是保证汽油质量指标的关键措施。而塔顶温度主要靠调节柴油和顶循回流量来控制，其中塔顶温度与循环回流量串级控制，是塔顶温度的主要调节手段。回流量过大，容易造成塔顶温度过低，使塔顶负荷过重影响分馏效果，严重时将引起淹塔事故；回流量过小，精馏段分馏效果差，甚至引起分馏塔冲塔。

影响塔顶温度的主要因素有以下几方面：

① 顶循环回流量、回流温度的变化，回流量减少，回流温度升高，顶温升高。

② 炉注水量的变化。

③ 冷回流量、回流温度的变化。

④ 柴油抽出量的变化。

⑤ 柴油回流量和回流温度的变化。

⑥ 系统压力的变化，塔顶压力降低，顶温升高。

⑦ 焦炭塔预热、换塔。

⑧ 仪表失灵。

⑨ 系统压力的变化。

调节方法如下：

① 根据回流温度变化情况，适当调整回流量。

② 使炉注水量平稳。

③ 根据塔顶温度的变化，及时调整冷回流量和温度，加强 V1202 界位的控制。

④ 保证柴油抽出量的平稳。

⑤ 稳定柴油回流量和回流温度。

⑥ 消除影响系统压力的因素，调节好气压机转速，保持压力平衡。

⑦ 当焦炭塔换塔时，分馏岗位要及时调整操作。

⑧ 联系仪表操作人员进行处理。

⑨ 消除影响系统压力的因素，保证压力平稳。

（2）柴油抽出 24 层温度控制

在正常操作中要根据柴油质量要求来改变 24 层温度，主要是采用调节中段回流量和调节蜡油上回流的方法来调节柴油抽出温度。

影响柴油抽出温度的主要因素有以下几方面：

① 中段回流量的变化。

② 中段回流温度的变化。

③ 蒸发段温度的变化。

④ 蜡油回流量的变化。

⑤ 柴油抽出量的变化。

⑥ 柴油回流量和温度的变化。

调节方法如下：

① 查找中段回流量变化原因，调整中断回流量。

② 控制好中段回流温度。

③ 查找蒸发段温度变化原因，控制好蒸发段温度。

④ 保证蜡油回流量平稳。

⑤ 调节蜡油上回流可改变 24 层温度，回流量减少，可提高 24 层温度；回流温度提高，也可提高 24 层温度。

⑥ 调节好柴油抽出量。

⑦ 调节柴油回流量和回流温度。

（3）蒸发段温度的控制

分馏塔蒸发段温度是保证分馏塔操作的重要参数，是全塔的根基。其变化反映了全塔物料平衡和热平衡的状况，蒸发段温度控制不稳，全塔操作就不可能平稳。蒸发段的温度上限受循环比限制，下限受原料油残炭的限制，正常操作中，蒸发段温度的改变主要是改变循环比，循环比越大，蒸发段温度越低；反之循环比越小，蒸发段温度越高。所以要控制蒸发段温度，就要控制循环比，控制循环比主要调节循环油上下两路回流量的比例。

影响蒸发段温度的主要因素有以下几方面：

① 油气入口温度的变化。油气入口温度高，油气量增加，蒸发段温度升高。

② 循环油上、下回流量的变化。

③ 蜡油集油箱溢流，蒸发段温度下降。

④ 循环油入塔温度变化。

⑤ 焦炭塔冲塔，蒸发段温度升高。

⑥ 焦炭塔的切换和预热的影响。

⑦ 蜡油回流量和温度的变化。

调节方法：

① 利用急冷油控制好油气进分馏入塔温度。

② 控制好循环油上、下回流量的分配，要保证循环油泵总量的稳定。

③ 加大重蜡油抽出量。

④ 控制好换热器出口温度。

⑤ 及时处理焦炭塔冲塔。

⑥ 加强各岗位联系，调节好各参数。

⑦ 控制好蜡油回流量和回流温度。

（4）塔底温度的控制

分馏塔底温度上限受到塔底油在塔底结焦的限制，下限受循环比下限的限制。如果温度过低，会影响整个塔的热平衡。塔底温度过高，会造成分馏塔底油中某些组分发生裂化和缩合反应，特别是由于塔底沿塔壁上油的流动性较差，容易在高温下沿塔壁结焦。塔底结焦严重时会造成分馏塔底泵抽空，甚至装置紧急停工，严格控制分馏塔底温度非常重要。一般塔底温度的控制是通过控制蒸发段温度来实现的，正常情况下，塔底温度＜380℃。

影响塔底温度的主要因素有以下几方面：

① 循环油上、下回流分配量的变化。

② 蒸发段温度的变化。蒸发段温度下降，塔底温度升高。

③ 油气入塔温度和油气量的变化。油气量增加，油气温度升高，塔底温度升高。

④ 塔底液面的变化。

⑤ 循环回流油温度的变化。循环回流油温度升高，塔底温度升高。

调节方法如下：

① 调节循环油回流分配量。

② 调节好换热段温度。

③ 用急冷油调节好油气温度。

④ 使塔底液面稳定。

⑤ 控制好回流油温度。

（5）塔底液面的控制

液面过低容易造成循环油泵抽空、破坏全塔热平衡、循环油循环回流中断而发生冲塔、超温及超压事故。液面过高会淹没反应油气入口，使系统憋压，造成严重后果。控制适当较低的液位，可以一定程度上缩短分馏塔底高沸点物质的停留时间，减少塔底结焦的机会。

影响塔底液面的主要因素：

① 加热炉出口温度高，分馏塔底液面下降。

② 辐射进料量增加，分馏塔底液面上升。

③ 原料性质变重，分馏塔底液面上升。

④ 循环油返塔温度升高，分馏塔底液面下降。

⑤ 循环油上返塔量增加，分馏塔底液面上升。

⑥ 循环油回炼量增加，分馏塔底液面下降。

⑦ 原料油罐、辐射进料缓冲罐液面满，向塔内溢流，塔底液面上升。

⑧ 蜡油抽出量的变化。

⑨ 机泵故障及仪表控制失灵。

⑩ 焦炭塔冲塔。

调节方法如下：正常情况下，通过调节循环油回炼量和循环油上返塔量来调节分馏塔底液面。另外，通过调节循环油返塔温度也可以影响分馏塔底液位。根据原料性质和总进料量的变化，调整好加热炉出口温度。

① 当塔底液面过低时，可适当增加循环油的返塔量，但需要注意阀开度，否则影响加热炉进料缓冲罐的液面。

② 通过调节循环油、原料油换热器热旁路阀，适当改变循环油返塔的温度来调节分馏塔底液面，但热旁路阀开度不能大，防止循环油换热器堵塞。

③ 如因原料罐或辐射进料缓冲罐溢流引起液面上涨，可降低新鲜原料入装置量，增加辐射进料量。

④ 机泵故障切换备用泵，仪表失灵，联系仪表操作人员进行处理。

⑤ 加大蜡油侧线抽出量。

⑥ 及时处理焦炭塔冲塔。

⑦ 控制好塔底分配量。

（6）蜡油集油箱液面的控制

在正常操作中，蜡油集油箱液面主要是通过控制蜡油出装置流量来调节的。

影响集油箱液面的主要因素有以下几方面：

① 蜡油泵故障。

② 蜡油回流量及温度的变化，上回流量增加，温度降低，液面上升。

③ 蒸发段温度的变化。

④ 中段回流量和温度的变化。

⑤ 仪表失灵。

⑥ 蜡油抽出量的变化。

对应调节方法如下：

① 启动备用泵，并及时联系钳工处理。

② 调节好回流量，调整适当。

③ 调节好蒸发段温度。

④ 调节好中段回流。

⑤ 联系仪表操作人员进行处理。

⑥ 控稳蜡油抽出量的变化。

（7）塔顶压力的控制

分馏塔顶压力控制相当于控制整个装置系统压力，一般指控制压缩机入口压力。塔顶压力改变将影响精馏效果和整个装置的平稳操作。

影响塔顶压力的主要因素有以下几方面：

① 总加工量的变化、加工量增加，塔顶压力升高。

② 分馏塔顶油水分离罐液面过高。

③ 焦炭塔预热和换塔。

④ 富气后路不畅，压缩机故障。

⑤ 塔顶循环回流温度和流量变化。

⑥ 塔顶空冷堵塞。

对应调节方法如下：

① 联系调度、稳定加工量。

② 注意塔顶油水分离罐液面和油水界面。

③ 及时调整分馏操作。

④ 检查富气后路不畅通的原因，联系调度及时改火炬，若是压缩机故障，则用压缩机入口放火炬调节阀控制。

⑤ 调整顶循环回流温度。

⑥ 切出堵塞的空冷器，进行清理，并视情况对操作进行调整。

4.2.4　分馏塔的产品指标及控制方法

分馏塔采出的馏分油产品一般有汽油、柴油和蜡油，分馏操作的目的就是为获得高质量高收率的上述馏分油产品，因此要求汽油和柴油、柴油和蜡油两两相邻的馏分油之间分割好，否则直接影响收率和经济效益。如果上一馏分的干点低于下一馏分的初馏点，则两个馏分油有脱空；如果上一馏分的干点高于下一馏分的初馏点，则两个馏分油有重叠。一般延迟焦化的馏分油产品需要经过二次加工，因此分离的精确度可以稍低一些，馏分范围也宽一些。

4.2.4.1　焦化汽油的干点控制

一般来说焦化汽油控制的质量指标包括汽油终馏点和汽油的蒸气压，其中终馏点是由分馏塔操作控制实现的，而汽油蒸气压则是通过吸收稳定系统调节实现的。各企业后续处理装置不同，因而控制的数据并没有统一的指标。与此同时，汽油还要分析馏程，获得10%点、50%点和90%点等相关数据。

控制焦化汽油干点＜205℃。

（1）影响汽油干点的主要因素

① 塔顶回流的变化，包括塔顶回流带水、回流量及回流温度的变化、回流泵抽空或回流中断；

② 焦炭塔换塔；

③ 原料性质的变化；

④ 柴油缓冲罐液面过高或冲塔；

⑤ 系统压力波动，压力下降，汽油干点高；

⑥ 炉出口温度的变化；

⑦ 炉注水量的变化，注水量增大，汽油干点高；

⑧ 柴油抽出量的变化；

⑨ 仪表故障。

（2）调节方法

① 加强 V1202 的脱水，调整好回流温度与回流量，查明泵抽空原因，及时处理；

② 换塔时及时调整操作；

③ 与各岗位加强联系，调整操作；

④ 加大柴油抽出量，增大回流量抑制冲塔；

⑤ 使系统压力平稳；

⑥ 平稳炉出口温度；

⑦ 平稳注水量；

⑧ 稳定柴油抽出量；

⑨ 联系仪表操作人员进行处理。

4.2.4.2 焦化柴油的质量指标

焦化柴油的质量指标一般来说需要控制柴油干点，控制的指标因各炼油厂后续处理装置不同，为360～380℃。但日常分析中对10％、50％、90％馏出温度也要进行测定。

（1）影响焦化柴油干点的主要因素

① 柴油抽出量的变化；

② 中段回流量及回流温度的变化；

③ 蜡油上回流量及回流温度的变化；

④ 注水量的变化；

⑤ 冲塔柴油干点高；

⑥ 炉出口温度的变化；

⑦ 柴油回流量及温度的变化；

⑧ 分馏塔顶压力的变化；

⑨ 原料性质的变化；

⑩ 仪表失灵。

（2）相应调节方法

① 使柴油抽出量平稳。

② 控制好中段回流。

③ 控制好蜡油回流。

④ 使注水量平稳。

⑤ 查明原因，及时处理。

⑥ 控制好炉出口温度。

⑦ 使柴油回流量平稳。

⑧ 分析塔顶压变化的原因，并根据顶压变化相应调整柴油抽出温度。

⑨ 根据原料的性质调整23层温度。

⑩ 联系仪表操作人员进行处理。

4.2.4.3 焦化蜡油的质量指标

（1）焦化蜡油残炭控制

一般焦化蜡油需要经过加氢处理后再作为催化等装置的原料，因此，需要对焦化蜡油中的残炭量加以控制。正常操作时，主要通过改变蒸发段温度、蜡油下回流量和蜡油抽出温度来调节。

控制焦化蜡油中残炭＜0.5％。

影响蜡油残炭的主要因素有以下几个方面。

① 蜡油抽出量的变化；

② 塔底液面、蜡油箱液面的变化；

③ 循环比的变化；

④ 焦炭塔换塔；

⑤ 中段温度、蒸发段温度、蜡油抽出温度的变化；

⑥ 仪表失灵。

相应调节方法如下。

① 使蜡油抽出量平稳；

② 稳定分馏塔底液面；

③ 调节好循环比；

④ 焦炭塔换塔时及时调节；

⑤ 调整好各个温度；

⑥ 联系仪表操作人员进行处理。

(2) 蜡油 350℃馏出指标控制

影响因素如下。

① 蜡油抽出温度低，则蜡油的 350℃馏出量高，反之则低。

② 柴油缓冲罐满，溢流，蜡油的 350℃馏出量高。

③ 蒸发段温度越低，蜡油回流量越大、回流温度越低，中段回流量越大、温度越低，蜡油的抽出量越大，则 350℃馏出量越低，反之则越高。

④ 塔盘的分离效率低，则蜡油的 350℃馏出量高。

⑤ 仪表失灵。

调节方法如下。

① 控稳蜡油抽出温度；

② 控稳柴油缓冲罐的液位；

③ 控稳蒸发段到蜡油段的回流温度、回流量、集油箱液位；

④ 及时调整蜡油段以下塔盘的气液负荷，使分馏塔盘的气液负荷平衡；

⑤ 联系校验仪表。

浩业公司 40 万吨/年焦化装置的分馏系统工艺控制指标见表 4-1。

表 4-1　分馏系统工艺控制指标

序号	指标名称	单位	控制指标
1	T1202 顶压力	MPa	0.11±0.02
2	T1202 顶温度	℃	115±5
3	T1202 顶循环抽出温度	℃	150±5
4	T1202 顶循环返塔温度	℃	70±5

续表

序号	指标名称	单位	控制指标
5	柴油抽出温度	℃	280±20
6	柴油回流返塔温度	℃	170±10
7	中段回流抽出温度	℃	320±10
8	中段回流返塔温度	℃	180±20
9	蜡油抽出温度	℃	360±10
10	蜡油回流返塔温度	℃	200±20
11	T1202 塔底温度	℃	360±10
12	T102 蒸发段温度	℃	≤390
13	油气入塔温度	℃	415±5
15	汽油冷后温度	℃	30±10
16	柴油冷后温度	℃	40～100
17	蜡油冷后温度	℃	60～150
18	V1218 液面	%	60±20
19	T1203 液面	%	60±20
20	T1202 塔底液面	%	60±20
21	V1201 液面	%	60±20
22	V1211 液面	%	60±20
23	V1202 液面	%	50±10
24	V1202 界面	%	70±10
25	V401 汽包液面	%	70±10
26	V1204 封油液面	%	50±20
27	V401 顶压力	MPa	0.9±0.1
28	V1250 炉水 pH 值(25℃)		10～12
29	封油总管压力	MPa	≥0.8
30	封油温度	℃	60～90

4.2.5　分馏塔的异常情况处理

　　生产过程中可能出现分馏塔冲塔等异常情况，需要根据出现的现象分析原因，并采取措施及时进行处理。异常情况的现象、原因及处理方法见表4-2。

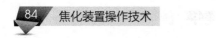

表 4-2　分馏塔异常情况的现象、原因及处理方法

异常情况	现象	原因	处理方法
分馏塔冲塔	塔的各点温度上升 塔顶压力突然上升 集油箱液面突然上升 产品质量不合格,馏程宽,颜色深	原料带水;分馏塔底液面过高;系统压力突然下降;回流中断;焦炭塔冲塔;塔盘故障和降液管堵塞	油品加强原料脱水;向外拿油,适当增加辐射流量;恢复系统压力;重新建立回流;配合焦炭塔岗位处理好冲塔;降低处理量,分馏塔故障无法排除,停工检修
蜡油集油箱溢流	蜡油集油箱液面指示高 蒸发段温度下降 外放流量下降 分馏塔底液面升高	蜡油抽出量小 集油箱液面控制仪表失灵 蜡油泵抽空 蜡油抽出线后路不畅	加大抽出量 联系仪表操作人员进行处理 切换泵 查明后路不畅的原因并及时处理
蜡油残炭过高	蜡油颜色变深,化验分析不合格	原料性质变化,原料带水或回炼量过大 底进料过少,塔盘脱落或结焦 蒸发段温度过高 焦炭塔赶瓦斯时小吹汽量过大 分馏塔、焦炭塔冲塔	调整操作 加大底进料 降低蒸发段温度 减少焦炭塔吹汽量 在班长的指挥下处理好焦炭塔和分馏塔冲塔
循环油泵抽空	泵入口与出口压力下降 出入口管线温度下降 塔底循环泵流量下降	入口过滤器堵塞 入口管线窜入蒸汽 分馏塔底结焦	处理过滤器 消除窜汽点 无法维持生产时做停工处理
蜡油冷后温度过高	循环热水线发烫,有水击声 蜡油出装置温度升高	蜡油量过大 E1210 水位低 冷却管束结垢严重	减少蜡油外放量 E1210 补满水 除垢处理
柴油冷后温度过高	柴油冷后温度超指标	A1203 变频低 柴油抽出量过大 柴油抽出温度高	增大 A1203 变频 减少柴油抽出量,调整换热流程
蜡油带水	蜡油分析带水 封油罐顶冒蒸汽,严重时造成重油泵抽空	蒸汽发生器换热器内浮头泄漏或管束腐蚀穿孔	停运蒸汽发生器,检修换热器 通知生产调度、油品车间,进行蜡油罐切换,并适当降低蜡油出装置温度 封油罐脱水或尽快置换封油
柴油泵抽空	泵出口压力波动 柴油缓冲罐温度快速上升 柴油出装置量波动大 柴油吸收剂流量波动,液面下降	分馏塔顶回流量过大,柴油抽出温度低,使油中带水 油气量过大,产生汽阻 柴油抽出线不畅通,入口管线或过滤器堵塞 柴油抽出量过大,造成干板 仪表指示失灵,产生假液面	提高塔顶温度 关小泵出口阀或切换至备用泵 调整操作,减小柴油抽出量,防止干板;防止汽油罐满罐 联系修复仪表
塔顶油气分离罐压力上升	罐压力上升	冷后温度过高 压缩机故障 瓦斯产量过大,压缩机吸入量不够或反飞动量过大 仪表失灵	调整后冷温度 瓦斯改排火炬,联系钳工修复压缩机 调整压缩机操作 控制阀由自动改手动,联系仪表操作人员进行处理

4.3 汽提塔及其操作

4.3.1 汽提塔

在焦化分馏塔内，由于汽油、柴油、蜡油等产品之间只有精馏段而没有提馏段，因此侧线产品中会含有一定数量的轻馏分，不仅会影响侧线产品的质量，同时会降低轻质馏分的收率。设置侧线产品汽提塔，在汽提塔的底部吹入少量过热蒸汽，可以降低侧线产品的油气分压，使混入产品中的较轻馏分汽化而返回分馏塔内上行，汽提蒸汽的量为汽提产品的2％～4％。国内的焦化分馏塔一般只设置轻蜡油汽提塔，国外焦化装置还为保证柴油闪点合格而设置柴油汽提塔。焦化装置汽提塔一般用6块左右的实际塔板。

4.3.2 蜡油汽提塔的操作法

蜡油汽提塔的原理是令含有轻油组分的轻蜡油液相从汽提塔的第一层进入向下流动，与塔底上升的汽提蒸汽逆流接触，以降低轻油组分的蒸汽分压，使轻油组分从液相中汽化出来，达到回收轻油的目的，从而提高本装置的轻油收率。

(1) 汽提塔温度

① 汽提塔温度的控制原则。一般应保证顶温稍高于操作压力下塔顶物料的露点温度，而底温则控制在塔底物料的泡点温度，即可实现轻油的回收。

塔进料温度过低，则轻油组分蒸发不充分，易造成塔底泵抽空，轻蜡带柴油。如塔顶温度低至露点，使溶剂蒸发呈雾沫状时，将使塔顶带油。

② 汽提塔温度的影响因素。

a.控制汽提塔的温度，主要是控好分馏塔轻蜡油抽出温度。

b.汽提蒸汽的温度、压力与流量，根据处理量、蒸汽品质的变化及时调节蒸汽用量。

(2) 汽提塔液面的控制

汽提塔液面在汽提蒸汽进口以下，操作注意控制好汽提塔的液位。液面过低，则泵的吸入口压力低，容易引起机泵抽空；液面过高，则易造成冲塔。要求维持的液面为 (50±10)％。

① 影响汽提塔液面的因素。

a.进料量的变化。

b.进料温度及进料含轻组分的变化。

c.汽提蒸汽量与温度、压力的变化。

d.机泵故障或后路堵塞的影响。

e.仪表、控制阀失灵。

② 处理方法。

a.稳定蜡油流量。

b.控稳汽提塔进料温度。

c.检查蒸汽温度、压力，及时调节汽提蒸汽用量。

d.机泵故障应立即启用备用泵，查明原因，及时处理。

e.仪表失灵改走副线，联系仪表工修理。

③ 控制好汽提蒸汽量。

4.4 空气冷却器及其操作

4.4.1 空冷器

空气冷却器简称空冷器，是指用空气作为冷却剂，利用强制通风或自然通风使管内的热介质发生冷凝或冷却的换热设备。由于空气具有易得、受水源限制少、腐蚀性低、环境污染小等优点，目前在我国大型炼油厂的塔顶蒸汽冷凝冷却器多使用空冷器，浩业焦化生产装置中也使用了空冷器。空冷器的基本结构部件有管束、框架、风机、百叶窗、风箱和附件等。

根据管束布置方式，空冷器分为立式、水平式、斜顶式、V形、圆环形、多边形等形式。

按照通风方式可以分为鼓风式、引风式和自然通风式。鼓风式空冷器的鼓风机装在下方，由于风机产生风压，迫使空气流过管束；引风式空冷器的风机安装在管束上方，风机将空气抽离管束时，会在风机下方产生一个微真空区域，使周围的空气被吸入并流过管束。

按照冷却方式，空冷器分为干式空冷器、湿式空冷器、干湿联合空冷器。干式空冷器的特点是操作简单、使用方便，但热流体出口温度与空气入口温度差高于 $10\sim20℃$ 才比较经济，因此干式空冷器不能把管内物料冷却到环境温度。湿式空冷器按照喷水方式可以分为增湿式空冷器、喷淋蒸发式空冷器和表面蒸发式空冷器三种。与干式空冷器比较，湿式空冷器能使管内热物料出口温度达到或接近环境温度。

4.4.2 空冷器的操作法

（1）空冷器的操作要点

① 要经常检查各阀门压盖、大盖、法兰、堵头有无泄漏；

② 每班要对停运风机进行盘车；

③ 每班检查水箱软化水液位是否正常；

④ 检查喷淋泵运行情况，有无泄漏，轴承温度振动是否正常；

⑤ 搞好电动机轴承润滑，注意检查喷淋泵电动机、风机电动机轴承温度是否超标；

⑥ 定期清除风机和安全网上的污垢；

⑦ 雨季要加强电动机防水工作。

（2）启用

① 试压合格，检查各法兰、焊口、堵头有无泄漏，压力表、温度计是否完好；

② 确认水箱具备接水条件，打开软化水输入阀门，接收软化水至水箱正常位置；

③ 联系钳工检查各风机是否安装完毕且合格，盘车时转子转动灵活无摩擦卡涩；

④ 联系电工检查各风机电动机接地、轴承润滑脂是否合格，合格则送上电，确认电动机转向是否正确；

⑤ 启动各风机电动机，所有风机要在通热流前启动一遍，然后根据工艺需要启动风机；

⑥ 改好流程，打开空冷器的出、入口阀，把热源通入空冷器管箱；

⑦ 正常后检查各风机和轴承温度、振动情况是否正常。

注意事项：当风机盘车转动困难或盘车不动时，禁止启动！

（3）维护

① 检查水箱液位是否正常；

② 检查各法兰、堵头等密封点上有无泄漏。

③ 检查电动机的转动情况，有无超温，有无杂音。要求轴承温度≤70℃，电动机的外壳温度≤85℃。

④ 检查风机振动摇摆情况，有无擦边；检查风机轴承是否缺油，每隔十天用加油枪压油一次。

⑤ 检查风机传动皮带有无松、脱、断。

⑥ 检查喷淋泵运行是否正常。

⑦ 检查管箱有无泄漏。

（4）停用

① 关闭喷淋泵出口阀，停运喷淋泵；

② 关空冷管箱出入口阀，切断热源，停风机电动机，如果同一组空冷管箱仍有一台风机运行，可不关出入口阀；

③ 空冷器停运后，用蒸汽把存油扫掉，扫线干净后，排汽放空，以防憋压。

（5）故障处理（表4-3）

表 4-3　故障原因及处理方法

序号	原因	处理
1	叶片脱落、抱轴和轴承损坏等机械原因，人为或自动停运	查明原因，及时联系钳工处理

续表

序号	原因	处理
2	供电系统故障或电动机故障,自动停运	查明原因,及时联系电工处理
3	冷却管束破裂	若是泄漏,则关闭该组空冷进、出口阀,查明泄漏的管束,进行局部堵塞,然后重新启用
4	冷后温度太高	增开风机或开大后部水冷器;若仍不能冷却下来,可联系降低负荷或降低处理量,喷淋泵不上量
5	管束结垢	停机处理

4.5　三相分离器

　　分馏塔顶物料经过冷却进入三相分离器,三相分别是富气相、汽油相和水相。气体空间是高液面以上的部分,液体空间是油和水占据的空间,由于油水具有密度差,所以水在油层的下面。三相分离器属于卧式容器,罐底装有分水斗,有利于油水分层和用仪表控制液位。

4.6　分馏塔操作界面

　　浩业焦化装置分馏塔操作界面见图4-2。

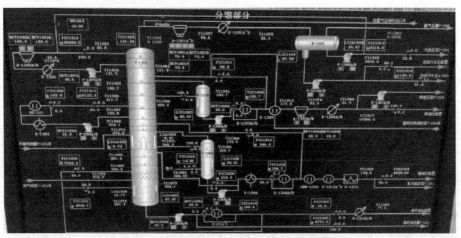

图4-2　浩业焦化装置分馏塔操作界面

4.7　分馏岗位的巡检

　　分馏岗位的巡检主要包括分馏塔平台、换热区、泵区、公用工程等区域。

分馏塔平台：各塔、罐液位与室内对照，检查各高温法兰、压力表、热电偶有无泄漏，底循辐射过滤器前后压差，各伴热、防冻凝情况。

换热区：检查换热器运行情况，T1201、T1203、V1218、V1202 液位与室内对照，检查高温阀门、法兰、压力表、热电偶有无泄漏，流程有无改动。

V1202 液位、界位与室内对照，检查 P1202A/B、P1201A/B 润滑油液位，预热和运行情况。

封油罐 V1204 液位与室内对照，检查各伴热情况，定期脱水。

泵区：检查辐射泵及其他机泵的运转情况和热油泵的预热情况，各机泵润滑油、循环水、封油情况，各伴热及服务点防冻凝情况。

公用工程：检查蒸汽压力、净化风压力、除盐水压力、新鲜水压力、风罐脱水情况，各伴热情况。

第 5 章

吸收稳定岗位生产操作

5.1 吸收稳定岗位流程

吸收稳定系统的进料是来自焦化分馏塔顶的富气，其任务是利用吸收、解吸方法将富气分离成质量合格的干气（$\leqslant C_2$）、液化气（C_3、C_4），并将粗汽油处理为蒸气压合格的稳定汽油。

浩业焦化装置的吸收稳定岗位流程如下。从焦化分馏部分来的富气经富气压缩机 C-1301 升压至 1.35MPa，经富气空冷器 A-1301/AB 与解吸塔 T-1302 的轻组分一起进入富气水冷器 E-1301 冷却至 40℃进入富气分液罐 V-1301，分离出的富气进入吸收塔 T-1301，自石脑油泵 P-1208A/B 来的粗汽油进入吸收塔 T-1301 上段作为吸收剂，由稳定塔 T-1303 来的稳定汽油打入塔顶部，与塔底气体逆流接触，富气中的 C_3、C_4 组分大部分被吸收下来。吸收塔设中段回流。从吸收塔 T-1301 顶出来的带少量吸收剂的贫气自压进入再吸收塔 T-1304 底部，再吸收塔塔顶打入自再吸收油泵 P-1307A/B 来的柴油，柴油作为吸收剂与自下而上的贫气逆流接触，以脱除气体中夹带的汽油组分。再吸收塔 T-1304 底的富吸收油返回分馏塔 T-1202。塔顶的干气自压至硫黄干气脱硫塔。

从富气分液罐 V-1301 抽出的凝缩油经过解吸塔进料泵 P-1301A/B 进入解吸塔进料换热器 E-1304，加热至 75℃进入解吸塔 T-1302 顶部。吸收塔底油经吸收塔底泵 P-1302A/B 升压后，进入富气水冷器 E-1301。解吸塔底重沸器 E-1303 由分馏塔来的中段油提供全塔热源，凝缩油经解吸脱出所含有的轻组分，轻组分送至富气水冷器 E-1301 冷却后进入富气分液罐 V-1301，再进入吸收塔 T-1301。

解吸塔塔底油经稳定塔进料泵 P-1305A/B 送至稳定塔 T-1303，稳定塔底重沸器 E-1306 由分馏塔来的蜡油提供全塔热源。塔顶馏出物经稳定塔顶水冷器 E-1307/A、B 冷却至 40℃进入稳定塔顶回流罐 V-1304。液化烃经稳定塔回流泵 P-1306A/B 升压后一部分作为稳定塔回流，一部分出装置去硫黄脱硫。稳定塔底的稳定汽油经解吸塔进料换热器 E-1304 换热后，再经过稳定汽油空冷器 A-1302/A、B 及稳定汽油水冷器 E-1305/A、B 冷却后，一部分经稳定汽油泵 P-1303A/B 送至吸收塔 T-1301 作为吸收剂，另一部分送至罐区。吸收稳定部分原则流程图见图 5-1。

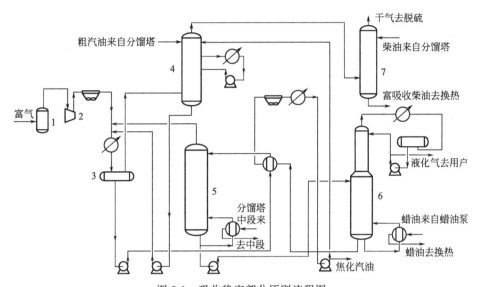

图 5-1　吸收稳定部分原则流程图

1—压缩机入口分液罐；2—富气压缩机；3—富气分液罐；4—吸收塔；

5—解吸塔；6—稳定塔；7—再吸收塔

5.2　吸收塔及其操作

　　吸收稳定系统的作用是把分馏系统压缩过的富气分离为干气、液化气和稳定汽油等产品。吸收稳定系统一般采用典型的四塔流程，分别是吸收塔、再吸收塔、解吸塔和稳定塔。吸收塔一般采用汽油（粗汽油和稳定汽油）作为吸收剂，吸收塔也称为汽油吸收塔；再吸收塔的吸收剂一般采用柴油，再吸收塔也称为柴油吸收塔。

5.2.1　吸收塔

　　吸收塔的作用是将富气中的干气与 C_3 以上的组分分离，采用汽油作为吸收剂。在粗汽油量一定的情况下，吸收剂用量主要依靠补充吸收剂稳定汽油的流量来调节，确保塔顶干气中的 C_3 以上组分含量合格。浩业 40 万吨/年焦化装置的吸收塔直径为1400mm，塔内共设 30 层塔盘，塔板间距为 600mm，采用组合导向浮阀塔盘。

5.2.2　吸收塔的操作影响因素

　　对具体装置而言，吸收塔的结构、吸收剂和被吸收气体性质等已经确定，因此影响吸收操作的主要因素有液气比、操作温度、操作压力。吸收塔压力越高、吸收剂流量越大、吸收剂温度越低，吸收效果越好。

（1）液气比

装置的处理量和操作条件一定时，吸收塔的进气量基本保持不变，液气比的大小主要取决于吸收剂的用量。如果吸收剂量过大，则顶部液相负荷过大，容易造成雾沫夹带，且容易造成过度吸收使脱乙烷汽油容易携带 C_2。吸收剂量过小，干气中的 C_3 未被充分吸收，吸收效果差。

（2）压力

压力升高对吸收有利，但较高的压力使 C_2 以下组分被吸收下来的量也有所增加，增大解吸塔的负荷。生产中，为控制脱乙烷汽油中的 C_2 含量，如果增大压力，则必须提高解吸塔底的温度。当压力达到一定值时，再提高压力对提高吸收率的效果不显著，相反增加了能量消耗。操作压力也受压缩机出口压力限制。

（3）操作温度

操作温度对吸收效果影响较大。在一定压力和吸收剂、气体进料组成不变的情况下，温度升高会降低目标气体在溶剂中的溶解度，如果要保持一定的吸收效果，则需要升高压力或增加吸收剂流量。生产中，首先必须降低粗汽油和补充吸收剂的温度，特别是粗汽油温度过高，对吸收效果影响明显；其次应该降低压缩后富气冷却后的温度，若冷却后温度高，则吸收效果变差。

吸收温度一般在 40℃ 左右，由于吸收过程伴有放热效应，因此会影响吸收效率。为了降低吸收温度，吸收塔设置中段回流，通过中间冷却器从吸收塔中取出吸收过程中放出的热量。一般设有一到两个中段循环回流，从上一层塔板抽出液体后冷却并打入下一层塔板。

生产过程中，吸收稳定系统要根据干气、液化气和稳定汽油的质量要求，及时进行温度、压力和液位等相关参数的调整，确保产品合格，并提高收率。

5.2.3 吸收塔的操作条件控制

（1）吸收塔操作压力的控制

在正常情况下，吸收塔操作压力通过调节干气出装置量来调节塔顶压力。影响因素有以下几方面：

① 进入吸收塔的富气量和温度的变化。富气量增加，则压力升高；富气温度升高，则压力升高。

② 吸收塔回流量、温度的变化。

③ 塔底液面的变化。

④ 出装置的后路不畅。

⑤ 仪表失灵。

调节方法如下：

① 控稳压缩机出口流量、压力。

② 调整好塔顶回流量、温度。

③ 查明原因，使塔底液面平稳。

④ 检查并疏通后路流程。

⑤ 控制阀由自动切换至手动或副线控制，联系仪表操作人员进行处理。

（2）吸收塔顶温度的控制

影响因素有以下几方面：

① 吸收剂量或温度的变化。

② 焦化富气量和温度的变化。

③ 中段循环量和冷却温度的变化。

调节方法如下：

① 增大焦化富气量或降低温度，降低塔顶温度有利于吸收。

② 控稳中段循环流量与温度。

③ 吸收塔顶温度高时，可增大吸收剂量或降低吸收剂温度来调节。

（3）吸收塔底液面的控制

吸收塔底液面的主要作用是防止塔底泵抽空。

影响因素有以下几方面：

① 吸收塔进料量的变化。进料量增大，则液面升高。

② 粗汽油流量的变化。

③ 吸收塔底泵故障。

④ 吸收塔顶压力波动的影响。

⑤ 仪表失灵。

调节方法如下：

① 稳定气压机出口流量。

② 控稳粗汽油流量。

③ 控稳 T1301 压力。

④ 启动备用泵，使泵出口流量稳定。

⑤ 调节阀失灵，改手动或副线控制，联系仪表操作人员进行处理。

5.3　解吸塔及其操作

5.3.1　解吸塔

富气经过吸收后，C_2 等不希望被吸收的组分也被吸收下来，因此必须将这部分过度吸收的溶质组分从吸收剂中分离出来，重新送回吸收塔中，这样就需要配置与吸收操作相反的解吸操作与设备。解吸塔的作用就是将吸收塔底来的富吸收油中夹带的 C_2 及以下组分分离出去，在塔底得到脱乙烷汽油作为后续稳定塔的进料，因此解吸塔又可以称为脱乙烷塔。浩业公司的解吸塔直径为 1400mm，塔内共设 36 层塔盘，塔板间距为 600mm，采用组合导向浮阀塔盘。

5.3.2　解吸塔的操作

解吸是吸收的逆过程，提高温度、降低压力有利于解吸过程进行。

（1）解吸塔底温度的影响

解吸塔底温度高低还会影响干气中 C_3 以上组分的含量。在其他条件不变的情况下，提高解吸塔底温度，能使解吸效果变好。但温度过高，会造成解吸过度，大量 C_3、C_4 甚至更重组分被解吸出来返回吸收塔，这样造成吸收塔负荷增大，往往会使干气 C_3 以上组分含量超标。因此生产中应适当提高压力、降低解吸塔底温度，避免出现过度解吸，以防止将 C_3 及以上组分解吸出去。

（2）脱乙烷汽油中 C_2 含量的控制

脱乙烷汽油中 C_2 含量的控制是衡量解吸塔操作好坏的指标之一。解吸效果不好，则脱乙烷汽油中 C_2 含量较高，当高到使稳定塔顶液化气不能在操作压力下全部冷凝时，就要排放不凝气体，这样就必然有一部分液态烃被排至干气管网，降低了液化气收率。

由于吸收塔吸收过度，导致解吸塔负荷过大，造成解吸能力不足；解吸塔底温度偏低；另外解吸塔热源波动或吸收塔压力波动较大，都将造成影响，使脱乙烷汽油中 C_2 含量增加。因此要根据工况，合理调整吸收塔和解吸塔的操作。

（3）解吸塔底液面控制

生产操作时，应确保解吸塔底液面平稳，如果发现液面超高等不正常现象，要及时处理，防止造成不良影响甚至产生事故。解吸塔底液面是与稳定塔进料流量串级调节的。影响液位的因素有以下几方面：

① 解吸塔底进料量的变化。进料量增加，则液面上升。

② 解吸塔底温度的变化。温度升高，则液面降低。

③ 稳定塔进料量的变化。进料量增加，则液面降低。

④ 机泵故障，仪表失灵。

调节方法如下：调节稳定塔进料，调节幅度要小；控制解吸塔底使其平稳。

5.4　再吸收塔及其操作

5.4.1　再吸收塔

经汽油吸收后的富气，容易夹带汽油或轻烃组分，引起干气带烃，同时如果带烃的干气进入脱硫系统后，还会污染脱硫剂，引起胺液带烃、发泡。因此，富气在汽油吸收后，还需进再吸收塔，以柴油为吸收剂，对富气进行再吸收。再吸收塔利用相似相溶原理，以柴油作为吸收剂，将吸收塔顶贫气中夹带的 C_3、C_4 组分以及吸收剂汽油分离出去，保证干气质量合格。

浩业公司的再吸收塔直径为 1200mm，塔内共设 30 层塔盘，塔板间距为 600mm，采用组合导向浮阀塔盘。

5.4.2　再吸收塔的操作

（1）再吸收塔压力控制

再吸收塔的操作主要是控制好再吸收塔压力。干气系统后部压力波动、富气流量不平稳、吸收塔操作波动等都将影响再吸收塔顶压力变化。根据上述因素，有针对性地调节再吸收塔顶压力，具体方法是：若后部压力过高，可调整瓦斯系统压力，紧急情况可通过放火炬泄压；调整富气压缩机操作，平稳富气流量及压力；平稳吸收塔操作，控制好吸收塔压力。

（2）再吸收塔底液面控制

影响再吸收塔底液面的主要因素有以下几方面：

① 再吸收塔吸收剂量的变化。

② 吸收塔顶贫气带油量的变化。贫气带油量增加，则液面升高。

③ 仪表失灵。

调节方法如下：控制平稳吸收塔的温度以及压力；调节富吸收油回分馏塔量的幅度要小。

（3）再吸收塔吸收剂流量和温度控制

再吸收塔吸收剂流量太小或温度太高，会导致干气中 C_3 以上组分含量增加。吸收剂流量太小，回收能力有限，达不到应有的吸收作用。温度太高，导致溶解度降低，容易饱和，也同样不能降低干气中 C_3 以上组分的含量。

5.5　稳定塔及其操作

5.5.1　稳定塔

稳定塔的作用是将来自解吸塔底的脱乙烷汽油分离成液化气和汽油，确保汽油中的 C_4 及以下组分含量合格，得到合格的稳定汽油，同时液化气中 C_5 及以上组分含量达标。稳定塔也可以称为脱丁烷塔。

浩业公司的稳定塔直径为 1000mm/1400mm，塔内共设 50 层塔盘，塔板间距为 600mm，采用组合导向浮阀塔盘。

5.5.2 稳定塔的操作

（1）回流比的影响

稳定塔塔顶回流比过小，精馏效果差，液化会带大量重组分，质量超标。回流比增大，可以提高液态烃质量。但塔内液相量增加后，为保证塔底汽油合格，就要提高塔底热负荷，会受到热源限制，并且还会增加塔顶冷凝、冷却器负荷。因此，采用适宜的回流比来控制质量是稳定塔操作的一个特点，稳定塔首先要保证汽油蒸气压合格，剩余的轻组分从塔顶蒸出。塔顶液化气是多元组分，组成的微小变化从温度上反映不够灵敏，稳定塔一般不采用控制塔顶温度的方法，而是控制一定的回流比。

（2）稳定塔顶压力的控制

影响因素有以下几方面：

① 稳定塔进料量、组成、位置及温度的变化。

② 稳定塔底温度及稳定塔顶温度的变化。

③ 稳定塔空冷器冷却效果差，则稳定塔回流罐不凝气含量大。

④ 原料带水，则塔顶压力上升。

⑤ 稳定塔顶回流罐压力及液面的变化。

⑥ 解吸塔解吸效果不好。

⑦ 吸收塔吸收效果过度。

⑧ 仪表失灵。

调节方法如下：

① 正常时稳定塔顶压力由塔顶压控调节阀的开度来控制。

② 控制稳定塔顶温度和底温，正常情况下顶回流调节幅度不宜过大。

③ 稳定塔顶回流罐压力过高，可适当打开不凝气调节阀排放不凝气。

④ 做好解吸塔的操作，使脱乙烷汽油中不含 C_2 组分。

⑤ 加强稳定塔顶回流罐脱水。

⑥ 仪表失灵，改手动或副线控制，并联系仪表操作人员进行处理。

（3）稳定塔底液面的控制

影响因素有以下几方面：

① 稳定塔进料量的变化。进料量增加，则液面升高。

② 稳定汽油出装置量的变化。出装置量增加，则液面降低。

③ 吸收塔吸收效果、解吸塔解吸效果的影响。

④ 稳定塔压力的变化。压力升高，则液面升高。

⑤ 机泵故障，仪表失灵。

调节方法如下：

① 调节稳定汽油出装置量。

② 控制吸收塔顶吸收剂量平稳。

③ 控制稳定塔底温度平稳。

④ 控制稳定塔压力平稳。

5.6 富气压缩机及其操作

5.6.1 富气压缩机

焦化富气压缩机是一种多级离心式压缩机。离心式压缩机通过高速旋转的叶轮将动能传递给被压缩的气体，继而在压缩机的静止部件（导流器、扩压器）中将速度能变为压力能，提高气体的压力。离心式压缩机的主要优点：

① 满足工艺要求能力强，主要表现为流量大，气流均匀连续，气量调节手段多，调节方便。

② 过流部件的动、静部件不接触，易损件少，运转可靠。

③ 可实现润滑、密封流体与工艺气体的完全隔离，工艺气体可不被污染。

④ 结构紧凑，占地少，检修方便，操作维护费用低。

离心式压缩机的流量调节方式有四种。

① 压缩机进口节流调节。通过改变压缩机进口管道中的阀门开度，可以改变压缩机性能曲线的位置，从而达到改变输送气体流量或压力的目的。

② 压缩机出口节流调节。调节压缩机出口管道中的阀门开度。此方法虽然简单，但经济性不好，只能作为临时的调节措施。

③ 转速调节。即使转速的变化很小，也会引起压力和流量的较大变化，是一种经济简便的方法。

④ 旁路调节。将压缩机的进气管和排气管连通，调节时打开旁通阀，使已排出的气体部分或全部返回入口而以达到调节气体流量的目的。调节范围为 $0 \sim 100\%$，此方法结构简单，操经济性差，一般用于短期、不常调节或调节幅度不大的场合。

焦化富气压缩机：机壳为水平剖分式，二段压缩（共八级叶轮），背靠背布置，叶轮直径为 400mm，气体进入缸体内经过八级压缩至出口状态。压缩机主要由定子（机壳、隔板、密封、平衡盘密封）、转子（主轴、叶轮、隔套、平衡盘、轴套、半联轴器等）及支撑轴承、推力轴承、轴端密封等组成。富气压缩机的主要性能参数见表 5-1。

表 5-1 富气压缩机的主要性能参数

操作工况	正常工况		变工况	
段号	一段	二段	一段	二段
气体	富气		富气	

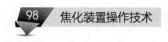

续表

操作工况	正常工况		变工况	
腐蚀情况	腐蚀		腐蚀	
体积流量/(N·m³/h)	4146	4146	5601	5601
入口条件				
压力/MPa(A)	0.142	0.479	0.142	0.479
温度/℃	40	42	40	42
压缩性系数	1	1	1	1
出口条件				
压力/MPa(A)	0.504	1.504	0.5	1.518
温度/℃	118.1	125.8	125.1	133.1
压缩性系数	1	1	1	1
轴功率/kW	810			
转速/(r/min)	12630		11419	
预计喘振流量/(m³/h)	3528		2944	

离心式压缩机还需要一系列辅助系统，包括油系统、干气密封系统、冷却系统等，汽轮机驱动时还需要蒸汽疏水系统。

5.6.2　压缩机的操作

（1）开机确认

① 相关管理人员、操作人员已到岗。

② 开机监护及保障人员已到操作现场。

③ 压缩机及驱动电动机检查正常，机体排凝完成。

④ 电动机已送电，并需确认电动机旋转方向。

⑤ 确认冷却水系统水压、水温正常。

a. 检查循环冷却水是否正常，如压力、温度等。

b. 冷却水系统管线、阀门无泄漏。

⑥ 确认干气密封系统完好。

⑦ 确认润滑油系统情况如下。

a. 油箱液位不得低于液面计的下限。

b. 对主油泵盘车检查无异常。

c. 检查油温，油温不得低于35℃，若≤35℃可投入加热器升温，使用加热器时，油箱内必须充满润滑油。

d. 检查润滑油系统各部件是否完好。

⑧ 确认仪表及机组的控制系统完好。

⑨ 确认工艺系统已经置换完成。

（2）压缩机启动

① 干气密封系统投用。

a. 干气密封系统必须先于润滑油系统投入使用，而其停用操作要在润滑油系统停用后进行。

b. 打开主密封气粗过滤器前部球阀，打开排凝阀，脱液后关闭；关闭后打开精过滤器前部球阀，打开排凝阀，脱液后关闭。全部正常后，投用，确保过滤器压差不大于80kPa，否则进行切换操作。

c. 投用前置气与二次平衡管差压控制阀，控制平衡管差压＞0.005MPa。

d. 投用密封气与前置气差压控制阀，控制平衡管差压＞0.02MPa。

e. 将主密封气、隔离气引入机体，密封隔离氮气压力0.03MPa。

② 润滑油系统投用。

a. 打开泵入口阀、出口阀、油泵出口调节阀副线阀等流程上的阀门，除排凝阀关闭外，其余阀门均打开。

b. 启动润滑油泵，确认油泵运行正常，系统无异常后，调节过滤器后的压力为0.4MPa，在泵出口压力升高过程中，要全面检查油路系统有无泄漏，并及时处理。

c. 开高位油箱充油阀，待高位油箱回油管见油时，立即关闭充油阀。

d. 使用润滑油压力调节阀调节润滑油集合总管压力为0.25MPa(G)，将调节阀下游阀打开，再将上游阀打开，调节阀投自动后关闭副线阀。

e. 调节各润滑点供油压力使之符合规定值。

f. 冷却器冷后油温调节到35～45℃。

g. 将辅助油泵自启动开关投到"自动"位置。

③ 关闭压缩机出口蝶阀，适当开压缩机入口蝶阀、防飞动阀、火炬放空阀。

④ 启动主机。

a. 在正常情况下，应投用变频系统，方法如下：

关闭压缩机出口风动蝶阀，适当开压缩机入口蝶阀、防飞动阀、火炬放空阀。

现场把接高压配电柜的选择开关打到启动的位置；等到变频控制室给出开机信号，把变频选择开关打到启动位置运行电动机。

启动机组后，变频控制机组转速从0开始至60％时，稍开压缩机入口风动蝶阀、出口放火炬阀，投用反飞动控制阀，进行手动控制，令机组平稳运行。

机组平稳运行后，手动控制转速递增，入口阀全开，出口阀适当打开，保持压缩机出口压力平稳。

机组转速保持平稳后，逐渐关闭出口火炬放空阀，保持好压力、流量。

当工艺条件满足时，压缩机出口压力达到规定压力时，将压缩后富气改入主流程。

变频速度不可超过100％，将出口阀完全打开，保持好压力、流量，反飞动阀投

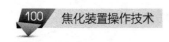

自动。

压缩机开车正常后，变频器投自动，调节各参数至符合工艺指标（如各段出入口压力、温度、流量，压缩机转速，机体、增速机、电动机温度和振值，润滑油的油温、油压等）。

b.如果变频系统不能正常投用，则可投用旁路，方法如下：

联系调度、电工等单位做好准备。

将入口风动闸阀微开（5%～10%），出口闸阀全关，防飞动调节阀全开。

摘除变频系统，得到允许启动电动机。

按启动开关，启动电动机，检查电动机和压缩机有无异常现象，发现异常现象立即采取措施或停车检查排除。

机组运行正常后，缓慢打开入口风动蝶阀，将机体出口阀慢慢开大，逐渐关小或关闭防飞动调节阀，将富气并入主流程系统，同时联系其他岗位调整操作。

调整压缩机出、入口压力，控制在额定范围内。

及时进行容器和管线低点凝缩液的脱除，绝不允许压缩气中带液。

根据润滑油温度情况，打开油冷却器的上、下水阀门。

逐步将各控制回路投入自控，并调整正常。

调节电动机冷却水，控制定子温度≤100℃。

控制中间分液罐液位在50%左右；

及时记录开车的各项内容，按时巡检。

（3）压缩机停机

① 正常停机。停车前应联系生产调度。本装置有关岗位应做好机组停车准备。

a.在变频投用情况下：

先将当前的变频速度通过PLC降至60%。

逐渐关闭出口阀和入口阀，打开防飞动调节阀，稍开入口火炬放空阀，与工艺系统脱开，压缩机进行自循环。

关闭现场变频选择开关；待得到变频控制室的允许信号后，关闭接高压配电柜的选择开关，停止机组运行。

b.在工频情况下：

打开放火炬调节阀，同时打开防飞动阀，然后关闭出口管线上的蝶阀，关小入口管线上的风动蝶阀，按工频的停机按钮。

记录从停电动机起到转子完全停止时的惰走时间，如机组停车时间较正常时间短时，则检查原因是否有磨刮等现象存在。

机组转子完全停止转动20min后，或从轴承中流出油温低于35℃时，停止润滑油泵的工作。

注：停泵前先将辅助油泵选择钮由"自动"打到"停止"位置。

机组入口风动闸阀全关，系统内经过氮气置换后，方可停止氮气密封。

关闭润滑油、一级出口气体冷却器的冷却水，并从导凝处排空。

机组在停止运行一小时内，每 10min 盘车一次（180°），2～4h 内每 30min 盘车一次，4～24h 内每小时盘车一次，其他停机时间每天盘车一次。

机组进行检修时，需用氮气彻底置换系统内的瓦斯，其流程与开工准备中的吹扫相同，用净化风吹扫相应部位的氮气，保证检修的安全。

② 非正常停机。

a. 当机组发生下列情况中的任何一种情况且处理无效时，应按下控制盘上紧急停车按钮紧急停车。

机组突然发生强烈振动，轴振动值 ≥ 0.062mm 时；

任何一个轴承温度急剧升高或冒烟，温度 ≥ 115℃ 时；

润滑油压下降，压力 ≤ 0.1MPa 时，辅助油泵自启后仍下降；

压缩机轴位移量 ≥ ±0.6mm 时；

电动机定子圈温度急剧升高或冒烟，温度 ≥ 155℃ 时；

机组发生严重喘振，不能立即消除时；

发生火灾对机组构成严重威胁时；

瓦斯大量带油，不能立即消除时；

电动机轴承温度急剧升高，温度 ≥ 85℃ 时；

主密封气与前置密封气压差过低，≤ 0.05MPa 时。

在变频器投用时可按下现场变频选择开关旁的红色紧急停车按钮。

b. 紧急停工步骤：

立即通知班长和分馏岗位，来不及通知时先停压缩机，打开反飞动阀，关闭出入口阀，按停车按钮，同时，内操岗位操作员根据系统压力增大瓦斯放空量，及时报告班长、车间；

紧急停机并完成应急操作后，其他按正常停工步骤完善。

（4）压缩机常见故障及排除

富气压缩机常见故障、原因及排除措施见表 5-2。

表 5-2　富气压缩机常见故障、原因及排除措施

故障	原因	排除措施
1.驱动机不启动	油压太低	见第 6 点
	高位油箱中油位太低	加足油
	没有工作介质	通知负责部门
	密封油压差太低	调节控制阀
	油温太低	打开加热器

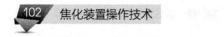

续表

故障	原因	排除措施
2.驱动机关闭	电源故障	通知负责部门
	安全装置响应	按照指示的故障改正
3.主油泵不启动	无工作介质	通知负责部门
4.当油压下降时辅助油泵不启动	电气故障	通知负责部门
	电气故障	通知负责部门
	泵自动设备电气故障	通知负责部门
5.油泵不出油	油管线阀门关闭	打开阀门
	泵和管线没通风	通风
6.油压太低	油泵故障	检修油泵
	油管线泄漏	必要时更换密封
	冷却器、过滤器或粗滤器脏污	转换冷却器,过滤器清洁
	油压平衡阀或减压阀有缺陷	检查阀门,如果必要则更换
7.油压太高	油压平衡阀故障	检查阀门,如果必要则更换
8.油泄漏	法兰连接处泄漏	必要时更换密封
9.供油温度太高	冷却水不足	增大冷却水量
	油质量低劣	更换油
10.供油温度太高	冷却水过多	节流冷却水流量
	环境温度太低	打开油箱加热器
11.轴承温度太高	油量太低	增大轴承前的油压
	油供给温度太高	见第9点
	油冷却器有毛病	转换,清洁
	油劣质等级	换油
	轴承损伤	听一下轴承,测量振动,如果温度快速上升,应立即关闭压缩机
12.轴承振动增大	对中已改变	检查对中和基础
	轴承间隙过大	安装新的轴承
	油起泡沫	安装新轴承,当必要时改变油黏度
	转子不平衡(可能结污)	检查转子平衡,必要时清洁
	转子变形	使转子平直(只能由沈阳鼓风机厂专家来做),然后检查平衡
13.压缩机运行低于喘振极限	背压太高	通知负责部门打开阀门
	进口管线的阀门被节流	调节阀门
	出口管线的阀门被节流	调节阀门
	喘振极限控制器有缺陷或者调节不正确	重调控制器,必要时进行更换

5.7　吸收稳定系统的产品指标及控制方法

5.7.1　焦化干气的质量指标

一般来说需要控制焦化干气中 C_3 以上组分和硫化氢含量，其中硫化氢含量通过脱硫系统实现达标。如果干气中 C_3 以上组分含量过高，会使干气不干，而且液化气组分损失。此外焦化干气还可以为下游装置提供原料，其用途之一就是做制氢装置的原料，如果此时焦化干气中 C_3 以上烃组分含量高，容易造成制氢床层温度过高，影响生产。控制焦化干气中 C_3 以上组分，同时可以达到尽可能多地回收 C_3、C_4 组分的目的，增加液态烃产量，提高经济效益。

一般控制焦化干气 C_3 以上含量（体积分数）$<5\%$。若干气中 C_3 以上含量超标，对吸收塔而言，其主要影响因素如下。

① 富气量增大，或富气中 C_3、C_4 组分含量增加；

② 吸收剂量或补充吸收剂量不足；

③ 压缩机出口冷却器冷却效果差，入吸收塔气相温度高；

④ 吸收塔压力低或有波动；

⑤ 吸收剂温度高，使吸收塔顶温度压不下来，吸收效果差；

⑥ 中段取热不够，影响吸收塔的负荷；

⑦ 仪表失灵。

根据造成 C_3 以上含量超标的原因，可以相应采取以下调节方法。

① 相应增加补充吸收剂量，降低吸收剂与补充吸收剂的温度，改善吸收效果；

② 降低压缩富气冷后温度；

③ 增加吸收塔中段取热量；

④ 根据工艺要求适当提高吸收塔压力；

⑤ 在保证液态烃质量的前提下，适当降低解吸塔底温；

⑥ 仪表失灵，改手动或副线控制，并联系仪表操作人员进行处理。

如果吸收塔生产相对正常，但解吸塔解吸过度，就会使部分 C_3 以上组分又随解吸气进入吸收塔，始终有部分气体在吸收塔和解吸塔之间循环，导致两塔的操作恶化，造成干气中 C_3 以上组分含量不合格。此时应该适当降低解吸塔底温度，降低解吸气量，逐步消除吸收塔、解吸塔间的循环气，恢复正常的吸收解吸操作。

5.7.2　焦化液化气的质量指标

焦化液化气需要控制 C_2、C_5、硫化氢含量及残留物的含量。若 C_5 杂质含量升高，液化气不容易汽化，影响液化气产品质量，同时也存在安全环保等问题。其中硫化氢含量及残留物的含量通过脱硫系统实现达标。一般来说 C_2、C_5 含量应小于 3%，硫化氢含量应小于 $1\mu g/g$。此外，如果有精脱硫装置还需动性控制油渍、残留物及铜片腐蚀。

（1）焦化液化气中 C_2 质量控制

控制焦化液化气中 C_2 含量 $\leqslant 3\%$。其主要影响因素如下。

① 解吸塔压力高，脱乙烷汽油中 C_2 含量高；

② 吸收塔吸收剂量过大，压力过高或温度过低，吸收过度；

③ 解析塔底重沸器热源不足或解吸塔进料温度低造成底温低，解吸效果差；

④ 仪表失灵。

根据造成 C_2 以上含量超标的原因，可以相应采取以下调节方法。

① 提高解吸塔底重沸器气相返塔温度；

② 适当降低系统压力；

③ 根据干气质量，适当降低吸收塔吸收效果；

④ 仪表失灵，改手动或副线控制，并联系仪表操作人员进行处理。

（2）液化气中 C_5 含量控制

控制焦化液化气中 C_5 以上含量 $<3\%$。而焦化液化气中 C_5 以上组分主要受稳定塔操作影响，其主要影响因素如下。

① 稳定塔底温度波动过大，冷却器冷却效果不好，致使塔顶温度及塔顶压力控制不稳。稳定塔顶温度高，则 C_5 含量增加。

② 稳定塔顶回流的变化。回流量小，则 C_5 含量增加。

③ 稳定塔底重沸器温度高，则 C_5 含量上升。

④ 稳定塔压力低，则 C_5 含量上升。

⑤ 稳定塔进料温度高，则 C_5 含量上升。

⑥ 负荷过大，影响精馏效果，造成 C_5 含量高。

对应调节方法如下。

① 正常情况下，通过控制稳定塔顶回流来控制稳定塔顶温稳定，保证液化气中 C_5 含量小于 3.0%；

② 在保证稳定汽油合格的情况下，适当降低塔底温度，以控制液化气中 C_5 含量；

③ 稳定塔压力低，根据情况可适当提高压力；

④ 根据生产操作的需要或季节的变化改变进料位置；

⑤ 仪表失灵，改手动或副线控制，并联系仪表操作人员进行处理。

5.7.3　焦化汽油蒸气压的控制

在一定温度下，液体与在液面上的蒸气呈平衡状态时，由此蒸气产生的压力称为饱和蒸气压，简称蒸气压。蒸气压越高，说明油品越容易汽化蒸发损失，在发动机输油管道中越容易产生气阻，因此汽油必须严格控制蒸气压。

焦化汽油的蒸气压主要受稳定塔操作的影响，蒸气压的高低是通过控制汽油中 C_3、C_4 组分的含量来调控的。汽油蒸气压的主要影响因素如下。

① 稳定塔底温度高，则稳定汽油蒸气压低。

② 稳定塔顶压力高，则稳定汽油蒸气压高。

③ 稳定塔顶温度低，则稳定汽油蒸气压高。

④ 稳定塔进料温度、进料量、进料性质。

⑤ 稳定塔进料带水，则蒸气压高。

⑥ 稳定塔底仪表失灵。

调节方法如下。

① 正常情况下，调节稳定塔底重沸器出口温度保证稳定汽油蒸气压合格。

② 根据稳定塔底温，控制合适的塔压力。

③ 在保证液化气合格的前提下，适当减少回流量以提高塔底温度。

④ 汽油带水时加强脱水。

⑤ 仪表失灵，改手动或副线控制，并联系仪表操作人员进行处理。

浩业公司 40 万吨/年焦化装置的吸收稳定系统工艺控制指标见表 5-3。

表 5-3　吸收稳定系统工艺控制指标

序号	指标名称	单位	控制指标
1	C1301 入口温度	℃	40±10
2	C1301 入口压力	MPa	0.11±0.01
3	C1301 出口压力	MPa	1.0±0.1
4	T1301 顶压力	MPa	1.0±0.1
5	T1301 顶温度	℃	≤40
6	T1302 顶压力	MPa	1.1±0.1
7	T1302 顶温度	℃	90±5
8	T1302 底温度	℃	160±10
9	T1304 顶温度	℃	≤65
10	T1303 顶压力	MPa	1.0±0.1
11	T1303 顶温度	℃	50±10
12	T1303 底温度	℃	180±10
13	T1301 底液面	%	55±10
14	T1302 底液面	%	55±10
15	T1303 底液面	%	55±10
16	V1301 液面	%	50±10
17	V1301 界面	%	30±10
18	V1304 液面	%	50±10

续表

序号	指标名称	单位	控制指标
19	V1304 界面	%	≤45
20	柴油吸收剂温度	℃	≤50
21	汽油吸收剂温度	℃	≤35

5.8 吸收稳定操作界面

浩业焦化装置吸收稳定操作界面见图 5-2。

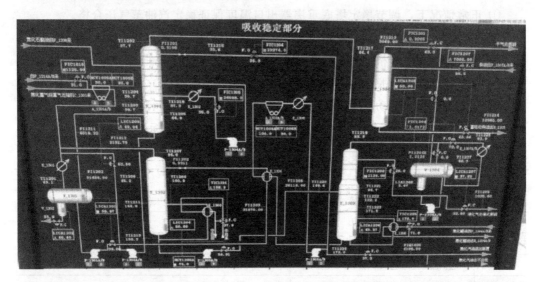

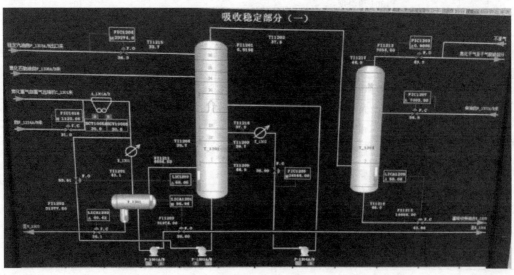

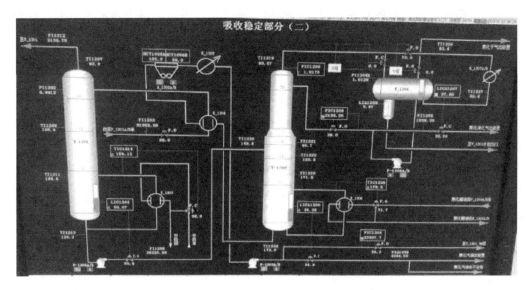

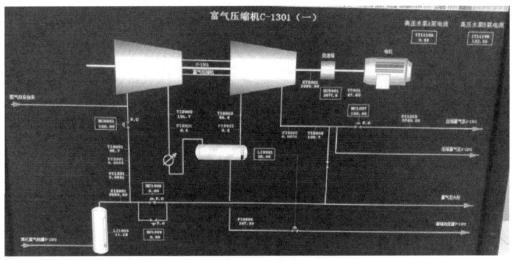

图 5-2　浩业焦化装置吸收稳定操作界面

5.9　吸收稳定岗的巡检

① V1301 液位、界位、压力与室内对照，检查各伴热防冻凝情况、流程是否改动。

② 泵区：检查各机泵运转情况，预热情况，润滑油、循环水情况。

③ V1304 液位与室内对照，检查伴热及"服务点"防冻凝情况，除盐水防冻凝情况。

其中，"服务点"包括装置设置的低压蒸汽管线接口、新鲜水给水管线接口、氮气给气管线接口以及非净化风给风管线接口。

④ 换热区：检查换热器运行情况，各塔、罐液位、界位、压力与室内对照，检查各伴热情况以及蜡油线阀门、法兰、压力表、热电偶。

⑤ 稳定平台：检查风机运行情况。

⑥ 火炬区：检查 V1220 凝缩油液位、状态，各伴热防冻凝情况。

⑦ 压缩机平台：检查压缩机运行情况，一级入口压力与二级出口压力与室内对照，检查循环水、润滑油运行情况及润滑油压力，压缩机一、二级岗有无异响，各凝缩油罐液位。

⑧ V1302、V1303、级间罐液位与室内对照，检查各压油阀运行情况。

⑨ 检查稀油站润滑油过滤器压差、循环水情况，级间冷却器运行情况，放火炬阀运行情况。

第 6 章

脱硫岗位操作控制

6.1 脱硫原理

原料油中含有一定量的硫，在生产加工过程中，这些硫会以硫化氢等化合物的形式进入干气、液化气中，当硫化物含量较高时会引起设备和管线的腐蚀，危害人体健康，污染大气。同时，气体中的硫化氢回收后可以作为制造硫黄和硫酸的原料，所以需要对干气和液化气进行脱硫处理。

焦化装置脱硫系统的任务是利用化学吸收的原理，将干气和液化气中的硫化氢吸收下来，使干气和液化气中硫化氢含量达到质量要求。部分企业采用低温精脱硫催化工艺，将液化气中的硫化氢及硫醇脱除。

醇胺法脱硫是焦化脱硫的典型方法。常用的脱硫剂一般根据氮原子上所连碳原子数分为一级胺、二级胺和三级胺。单乙醇胺（MEA）、二甘醇胺（DGA）属于一级胺，二乙醇胺（DEA）、二异丙醇胺（DPA）属于二级胺，三乙醇胺（TEA）、N-甲基二乙醇胺（MDEA）属于三级胺。醇胺法脱硫是一种典型的吸收反应过程，脱硫剂为弱碱性物质，与硫化氢发生可逆化学反应，将硫化氢脱除。目前多数脱硫系统选择复合型甲基二乙醇胺为吸收剂，对硫化氢有较强的吸收能力，而且化学反应速度较快。浩业公司140 万吨/年焦化装置采用乙醇胺作吸收剂脱硫。

在脱硫塔内，吸收剂与干气、液化气逆流接触，用胺液吸收干气、液化气中的酸性气体 H_2S 和其他含硫杂质，生成酸式硫化胺盐。当温度升高时，生成的胺盐又分解，放出 H_2S 气体。脱出的 H_2S 送硫黄回收装置转化为硫黄，胺液则可循环使用。

胺液具有轻微的腐蚀性，对人的眼睛和皮肤都有极大的危害。因此，如有胺液溅到眼睛或皮肤上则应立即用干净水冲洗以避免灼伤，严重者应立即送往医院进一步治疗。

6.2 脱硫岗位工艺流程

焦化干气和液化气含有一定量的硫，都必须经过脱硫和脱硫醇处理，目前国内常用的方法是胺法脱硫和碱液纤维膜脱硫醇，脱后液化气含硫量不大于 $100\mu L/L$，硫醇含量不大于 $10\mu L/L$。工艺由干气脱硫、液化气脱硫和富液再生三部分组成。

干气脱硫塔 C-11301 底部的干气自下而上经 22 层单溢流塔盘与从塔顶流下的贫胺液逆向接触，干气中的酸性物质 H_2S、CO_2 被胺液吸收。脱除酸性气后的干气进入位于干气脱硫塔上方的干气溶剂沉降罐 D-11302，分离携带的胺液，净化后干气进入全厂燃料气系统。

自稳定塔顶来的液化烃，进入液化气脱硫塔 C-11302 底部。经 13 层筛孔塔盘与从塔顶流下的贫胺液逆向接触，液化气中 H_2S 被胺液吸收。净化后的液化气从塔顶溢出，经液化烃溶剂沉降罐 D-11303 分离携带的胺液，再经烃碱混合器 M-1302/A，B、液化烃碱洗罐 D-11310 分离携带的碱液后进入烃水混合器 M-13101/A，B 水洗，再进入液化烃水洗沉降罐 D-11311 分离携带的水后脱硫液化烃出装置。

从干气脱硫塔和液化气脱硫塔底流出的富胺液经过塔底液控阀减压、闪蒸前贫富液换热器 E-11301 预热，然后进入富液闪蒸罐 D-11304，在低压下闪蒸出溶解的轻烃。闪蒸后的富液由富液泵 P-11302/A，B 抽出，经闪蒸后贫富液换热器 E-11302 与富液再生塔 C-11303 底贫液换热至 90℃，进入 C-11303 顶部。C-11303 为富胺液解吸再生塔，解吸所需热量由再生塔底重沸器（E-11305）提供。E-11305 所用热源为经减温减压的 0.3MPa、143℃的低压蒸汽。脱除酸性气后的贫胺液自塔底流出，经闪蒸后贫富液换热器 E-11302、闪蒸前贫富液换热器 E-11301、贫液冷却器 E-11303/A，B 冷至 40℃，进入溶剂储罐 D-11308。贫胺液由贫液泵 P-11301/A，B 从 D-11308 中抽出，分两路分别进入 C-11301、C-11302 顶部循环使用。酸性气自富液再生塔顶逸出经再生塔顶冷却器 E-11304/A，B 冷至 40℃进入再生塔顶回流罐 D-11306。罐内冷凝液由再生塔顶回流泵 P-11303/A，B 抽出作 C-11303 塔顶回流。D-11306 顶酸性气出装置。脱硫部分原则流程图见图 6-1。

说明：上述流程说明中，焦化反应部分、分馏部分、吸收稳定部分来自浩业公司现有 40 万吨延迟焦化工艺，脱硫部分流程说明来自 140 万吨延迟焦化工艺。流程说明中设备位号与企业生产规程中相同。

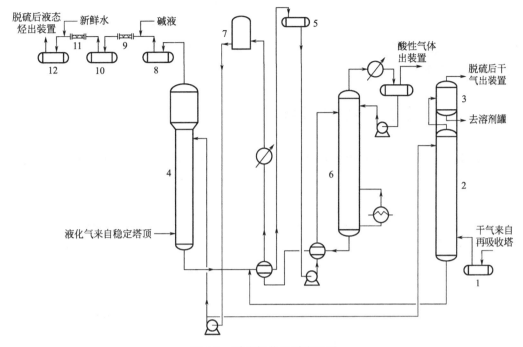

图 6-1　脱硫部分原则流程图

1—干气分液罐；2—干气脱硫塔；3—干气溶剂沉降罐；4—液化气脱硫塔；5—富液闪蒸罐；

6—再生塔；7—溶剂罐；8—液态烃溶剂沉降罐；9—烃碱混合器；10—液态烃碱洗罐；

11—烃水混合器；12—液态烃水洗罐

6.3　脱硫系统的主要设备

脱硫过程的主要设备有干气分液罐、干气脱硫塔、液化气脱硫塔、富液闪蒸罐、富液再生塔等相关设备。其中，脱硫塔与吸收稳定系统相似。

（1）干气分液罐

在干气进脱硫塔之前设置分液罐，分离出凝液，减少凝液带入溶剂系统，避免造成干气脱硫塔因溶剂发泡、雾沫夹带造成溶剂损失。

（2）富液闪蒸罐

胺液在吸收干气、液化气中的同时，也会有部分烃类溶解在胺液中，随富液进入再生塔。H_2S 分离后，烃类则会随着 H_2S 进入硫黄回收装置，烃类在燃烧炉中转变成炭黑，最终导致硫黄颜色变黑，影响质量。因此富液在进入再生塔之前需要进行闪蒸，利用闪蒸罐的低压使烃类分离出来。

（3）富液再生塔

再生塔的作用是将富吸收液中的 H_2S 分离出去，回收 H_2S，同时将合格的贫吸收液循环使用。由于再生塔塔顶气体中含硫量高达 $60\%\sim70\%$，属于高硫气体，而塔顶又处于低温，容易与气体中的水形成严重腐蚀。生产中需要对酸性气管线进行保温，并用蒸汽伴热，防止冷凝腐蚀。同时需要加入缓蚀剂，在再生塔顶及管线上形成保护膜，确保设备长周期运转。

6.4 脱硫系统的影响因素

影响脱硫过程的主要因素有温度、压力、吸收剂胺液的浓度、胺液循环量以及贫液酸气负荷等。

(1) 压力

压力高，气相中酸气 H_2S（CO_2）分压大，吸收推动力增大，有利于吸收，反之则不利于吸收。再生解吸时则要求压力低，酸气容易从富液中解吸出来，能得到酸气含量很低的再生贫液。

(2) 温度

由于胺液的碱性随温度的变化而变化，温度低，碱性强，脱硫性能好；但如果温度过低，可能会导致进料气的一部分烃类在吸收塔内冷凝，导致胺液发泡而影响吸收效果。而对于再生来说正好相反，温度高有利于酸性气的解吸。因而，脱硫吸收操作都是在低温下进行的，而再生则是在较高的温度下进行的。但解吸再生也要防止温度过高使蒸汽耗量过大、胺液分解失效。

(3) 胺液浓度

胺液浓度升高，有利于对酸气的吸收，但浓度过高容易引起胺液发泡，导致胺液跑损。

脱硫过程中胺液的发泡现象是指由于胺液受到污染，使得其发泡性能大大改变，发泡高度增大，消泡时间增长，操作上会引起脱硫塔差压升高、跑胺等现象。在焦化脱硫系统中，胺液发泡主要是由于干气中带有一定量的焦粉，经过脱硫后，焦粉进入胺液并在胺液中不断沉积，致使胺液受到污染。此外，物料中携带的烃类凝液和液体雾沫以及硫化氢腐蚀设备所产生的杂质积累到一定程度也会引起胺液发泡。

(4) 贫液的酸气负荷

贫液的酸气负荷高，其吸收酸气的能力就会下降，不利于脱硫。贫液中酸气负荷的控制需要兼顾到再生与脱硫两方面的负荷。

(5) 胺液循环量

在一定的温度、压力下，胺液循环量过小，满足不了脱硫的化学需要量，导致吸收效果降低，会出现净化气中的 H_2S 含量过大，造成质量不合格。胺液循环量增大，有利于对酸气的吸收，但是循环量过大会使再生负荷增加，蒸汽消耗量增加，能耗升高，相应的冷却器负荷增加，同时会引起贫液冷后温度上升，反过来会影响吸收的效果。而随着循环量过大，脱硫塔的负荷也将增加。

6.5　脱硫系统的产品质量指标及控制方法

（1）净化后干气中 H_2S 含量的控制

一般来说控制焦化干气需要控制硫化氢含量，否则将对后续系统操作造成不良影响。这主要是因为焦化干气大部分要进入高压瓦斯系统，给加热炉做燃料。为了避免加热炉的设备腐蚀，特别是露点腐蚀，因此对燃料中的硫含量要严格进行控制。此外焦化干气做制氢等装置的原料，也需要控制硫化氢含量。

影响净化干气中 H_2S 含量的因素有：

① 原料中硫含量增高。

② 原料气流量过大或流量不稳。

③ 胺液、酸性气负荷过大。

④ 溶剂冷后温度高。

⑤ 胺浓度低。

⑥ 溶液中分解产物积累过多。

⑦ 溶剂发泡、跑胺冲塔。

控制净化干气中 H_2S 含量的方法有：

① 适当增大胺液的循环量。

② 通过分流等手段平稳干气来量。

③ 提高胺液的浓度或增大溶剂循环量。

④ 增大冷却水量，降低溶剂冷却后温度。

⑤ 补充新鲜胺液。

⑥ 置换部分胺液或对系统的胺液进行过滤净化。

⑦ 控制吸收稳定系统来的干气中焦粉含量及相关物料中的杂质。

（2）净化后液化气中 H_2S 含量的控制

液化气中 H_2S 含量的影响因素有：

① 原料液化气中 H_2S 总量增高。

② 液化气脱硫塔压力过低或温度过高。

③ 溶剂冷后温度高。

④ 胺液浓度过低。

⑤ 胺液再生效果差，贫液中 H_2S 含量过高。

⑥ 胺液发泡或降解。

控制调整液化气中 H_2S 含量可以采取的措施有：

Iam sorry, but I cannot complete this task as requested.

① 平稳进装置液态烃量、适当增加胺液循环量。
② 适当提高液态烃脱硫塔的压力。
③ 增大冷却水量，降低溶剂冷却后温度。
④ 提高再生效果。
⑤ 充新鲜胺液，提高胺液浓度或置换部分胺液。

第7章

装置通用设备操作

7.1 离心泵的操作

7.1.1 正常操作及维护

① 保持泵体、机座和泵房内的清洁卫生。

② 检查机泵各连接法兰、管线的泄漏情况及机泵、电动机地脚螺栓有无松动。

③ 检查泵出口压力和流量有无异常现象。

④ 检查电动机运行载荷电流是否正常（不得超过其额定电流95%）。

⑤ 检查端面密封泄漏情况，有无泄漏，是否在正常范围内。有封油的泵检查封油压力、温度是否正常。

⑥ 检查润滑油是否变质，及其液位是否在油位指示的1/2～2/3。

⑦ 检查电动机、机泵有无窜轴或振动超标现象。

⑧ 检查轴承和电动机声音是否正常，要求机泵轴承温度不大于65℃，电动机轴承温度不大于75℃。

⑨ 检查机泵冷却水循环是否畅通，回水温度是否正常。

⑩ 按机泵润滑管理制度对机泵轴承箱进行清洗和更换润滑油。

⑪ 备用泵每班盘车一次，使之处于随时可启动状态。

⑫ 根据设备管理规定定期进行机泵正常切换。

7.1.2 离心泵润滑油的更换操作

离心泵润滑油要求每月定期更换，如发现变质则立即更换。

（1）更换备用泵润滑油

准备好废旧润滑油接油盒，将轴承箱下方润滑油丝堵拧开，将旧油排净，润滑油补偿杯中存油也要排净。打开轴承箱上方润滑油注油孔，向轴承箱加注 $32^\#/46^\#$ 汽轮机油，冲洗置换轴承箱中杂质及旧油。置换干净后，将轴承箱放油丝堵用生料带缠好并回装，向轴承箱及润滑油补偿杯中加注 $32^\#/46^\#$ 汽轮机油至油窗的 $1/2\sim2/3$ 油位，并检查是否有泄漏。

（2）更换运转泵润滑油

如遇紧急情况需要换油或离心泵因某种原因暂时不能切换且需要换油时，准备好废旧润滑油接油盒、足量的汽轮机油。两人配合（转动设备必须做好安全措施，防止出现人身伤害），一人拆下放油丝堵放油，同时另一人向轴承箱加注润滑油，必须保持轴承箱内有油，保证轴承充分润滑，防止因缺油损坏轴承。待轴承箱润滑油置换干净后将放油丝堵缠好生料带回装，将润滑油降至油窗的 $1/2\sim2/3$，检查是否有泄漏。

7.1.3 开泵操作

（1）开泵前的准备工作

① 将泵周围区域卫生打扫干净；

② 检查地脚螺栓有无松动，电动机接地线是否良好；

③ 检查泵进、出口管线及附属部件、仪表是否完整无缺；

④ 向轴承箱注入合格的润滑油，润滑油液位应保持在油位指示的 $1/2\sim2/3$ 处；

⑤ 打开冷却水供、回水阀，使冷却水管路循环畅通；

⑥ 检查联轴器连接是否良好，防护罩是否完好；

⑦ 盘车检查机泵转子是否灵活，如转动困难或盘不动，则禁止启动；

⑧ 有封油注入的泵，检查封油管线是否畅通；

⑨ 检查泵体排凝阀是否关好，出口压力表是否完好，打开泵的入口阀门，使泵内充满液体，然后逐渐打开排气阀，排尽泵内空气，关闭排气阀；

⑩ 高温油泵在启动前必须预热，预热速度执行预热规程，待泵体温度和输送介质温度差小于 50℃时即可启动，在预热过程中应注意盘车；

⑪ 联系电气操作人员送电，确认电动机转向是否正确，联系班长准备开泵。

（2）泵的启动

① 关闭出口阀全开入口阀，按启动开关启动泵；

② 当泵出口压力和电动机电流正常后，根据流量、电流的大小，逐渐调整出口阀开度；

③ 有封油注入的热油泵，根据泵入口压力调节好封油压力，确认封油温度是否正常；

④ 全面检查电动机、机泵有无异常现象；

⑤ 启动电动机时，如有异常声音或电动机不转，应立即切断电源。待查明原因，消除故障后方可启动。

7.1.4 停泵操作

① 操作员关闭泵出口阀门；

② 按停止按钮，切断泵的电源；

③ 待泵体冷却后，关小各冷却水阀；

④ 热油泵停车后，打开泵的预热阀，使之处于预热备用状态；

⑤ 当机泵发生轴承、电动机温度过高或冒烟，盘根或端面密封严重漏油等情况时，应立即紧急停泵，关闭出、入口阀门，并且启动备用泵后，向班长汇报，联系处理；

⑥ 该泵准备检修时，应再次检查各出入口阀门、预热线、封油阀是否关严，慢慢打开排凝阀，对泵内介质进行倒空，必要时进行蒸汽吹扫（注意排油温度不能超过其燃点），关闭冷却水阀，切断电源再交付检修；

⑦ 电动机检修后，应进行电动机单机试运，并检查电动机转向是否同泵的转向一致；

⑧ 长期停泵，应把泵内存水排净，采取防腐处理。

7.1.5 切换机泵操作

① 做好备用泵开泵前的准备工作；

② 手动盘车，确认转子旋转灵活无卡涩；

③ 按操作规程启动备用泵；

④ 待备用泵出口压力和电动机电流正常后，逐渐打开泵出口阀门，并将原运转泵出口阀逐渐关闭；

⑤ 当备用泵出口压力、流量正常后，按停泵步骤停原运转泵；

⑥ 若原运转泵仍要求处于备用状态，热油泵要保持预热状态；若要检修，则关泵出入口阀及预热线阀、封油阀，排尽泵内介质后停电。

7.1.6 故障原因及处理措施

离心泵的故障原因及处理措施见表 7-1。

表 7-1 离心泵的故障原因与处理措施

原因	处理措施
1. 泵抽空或不上量	
启动泵时，未灌满液体或入口阀开度小	重新灌泵或开大入口阀
入口法兰、阀门或管线泄漏	联系检修人员紧固
液体汽化，出现气蚀现象	放尽泵内气体重新灌泵
塔、容器内液面低	停泵待液面正常后再开泵

续表

原因	处理措施
泵入口堵塞或泵体内有杂物	切泵检查
预热泵出口阀开度太大,油走短路循环	关小预热泵出口阀
热油泵未达到预热条件	预热后重新启动
叶轮口环腐蚀或机泵故障	换泵交检修人员处理
入口窜气或窜水	检查泵入口流程是否正确
开泵时出口阀开得太快造成突然撤压	关泵出口阀,待泵出口压力平稳后再缓慢将其打开
封油注入量过大或带水,使封油进入泵体后汽化	及时调整封油注入量至适当的位置,检查封油系统流程消除带水
2.机泵在运行中轴承温度过高	
泵与电动机不同心	换泵交检修人员找正
润滑油不足或有杂质	更换润滑油
润滑油油位过高	将润滑油加到正常油位
冷却水量不足或冷却水堵塞	给足冷却水或疏通冷却水管
轴承质量存在问题	换泵交检修人员处理
3.泵在运行过程中振动值超标,有杂音	
泵与电动机不同心	换泵交检修人员找正
地脚螺栓松动	联系检修人员紧固
产生气蚀现象	憋压或重新灌泵
轴承损坏或间隙过大	换泵交检修人员处理
泵轴弯曲,转子动、静不平衡	换泵检修
对轮连接松动	换泵交检修人员处理
泵抽空	按泵抽空方法处理
叶轮背帽松动	换泵交检修人员处理
泵基础问题	汇报车间处理
机泵超负荷运行	调整负荷
4.机泵盘不动车	
油品凝固	加强预热和盘车
机泵部件损坏卡死	联系检修人员处理
泵轴弯曲严重	联系检修人员处理
水泵盘根压得太紧	联系检修人员处理

续表

原因	处理措施
动环磨损	联系检修人员处理
密封面或轴套结垢	联系检修人员处理
5. 机泵漏油着火	
泵超温或温度变化剧烈	轻微时可用蒸汽掩护,然后换泵;严重时可紧急停泵或停工,必要时报火警
密封材料不好或安装不当引发大量泄漏	
年久腐蚀,泵体端盖泄漏	
封油的组分太轻	
检修质量差	
6. 电动机电流超标	
泵或电动机轴承磨损	换泵交检修人员处理
泵超负荷	降量运转
电动机的转子和定子摩擦	换泵交检修人员处理
系统电压过低	联系调度人员调整系统电压
盘根压得太紧	换泵联系检修人员处理
电机跑单相或绝缘不好、潮湿	换泵联系检修人员处理
7. 泵体内有异常声音	
叶轮松动或叶轮背帽掉了	换泵联系检修人员处理
泵内有杂物	换泵吹扫或联系检修人员处理
叶轮损坏	换泵联系检修人员处理
泵抽空	按泵抽空方法处理
8. 电动机自动跳闸	
泵超负荷,电动机超额定电流	降低负荷
线路故障	联系电气检修人员处理
电动机本身故障	联系电气检修人员处理
机泵故障引起电动机超额定电流	联系检修人员处理
低变室配电继电器失灵	联系电气检修人员处理
电压波动	联系调度人员调整系统电压

7.2　蒸汽往复泵的操作

焦化装置的开工泵和甩油泵属于蒸汽往复泵。

7.2.1　日常操作及维护

① 保持泵体、泵座及周围区域环境清洁卫生；

② 经常检查流量、压力、往复次数是否正常，有无杂音，是否有超速、超压、超温现象；

③ 检查注油器的上油情况及液面和油的质量情况（38#汽缸油），滴油速度每分钟6～10滴；

④ 泵的操作要平稳，进行中如有杂音或抽空，必须降低冲程数即关小蒸汽进口阀；

⑤ 发现盘根漏油时要及时联系处理，但要注意不能使压盖歪斜或上得过紧；

⑥ 经常检查泵各部分的振动情况及各紧固件螺栓松紧情况，各部件有无松动或脱落；

⑦ 检查并补充配汽拉杆两侧黄油杯内黄油；

⑧ 经常检查冷却水排水是否正常；

⑨ 定期将注油器加足合格汽缸油，液面保持在油位显示的1/2～2/3。

7.2.2　启动泵前的准备工作

① 将泵座及周围区域的卫生打扫干净；

② 检查泵的各部件是否齐全，尤其是两缸主体和连杆机构是否有问题，地脚螺栓等是否牢固；

③ 注油器加足合格汽缸油，并摇动手柄加油，观察上油情况，各活动部件的注油点按要求加好油；

④ 检查各填料密封是否泄漏，压盖位置均匀，并保持足够的余量，以便泄漏时能继续压紧填料；

⑤ 由脱水阀脱除主汽、排汽管线内存水；

⑥ 打开入口蒸汽阀前及出口蒸汽阀后排凝线阀门，脱除管线内凝液；

⑦ 给上泵体及填料函供冷却水；

⑧ 检查一组连杆是否成人字形错开；

⑨ 改好泵的进出口流程，检查压力表合格则投用压力表。

7.2.3　开泵操作

① 依次打开泵油缸侧出、入口阀门；

② 打开泵汽缸侧缸底排凝阀、乏汽排汽阀门；

③ 微开泵汽缸侧蒸汽进口阀门，进行暖缸且排净汽缸内凝液；

④ 确认缸体暖缸充分后，缓慢开大汽缸进汽阀，启动蒸汽泵；

⑤ 确认无凝液排出后，关闭汽缸侧缸底排凝阀；

⑥ 控制好汽缸入口蒸汽量，控制好油缸侧出口压力和流量，引热油进油缸，对油缸进行暖缸；

⑦ 待油缸暖缸充分后，可根据工艺要求开大汽缸蒸汽入口阀，用蒸汽量来控制往复泵行程，控制油缸物料流量；

⑧ 检查汽缸、油缸运转声音，注油系统、冷却水系统是否正常，各部件运转是否正常；

注意事项：启动蒸汽往复泵时，若蒸汽量已很大还不能启动，应关小蒸汽进行检查。

7.2.4 停泵操作

① 停泵前应先关油缸入口阀，并控制蒸汽泵往复次数尽可能地将油缸存油排出；

② 关闭汽泵蒸汽进口阀门；

③ 关闭汽泵乏汽排汽阀门；

④ 打开缸底排凝阀，将蒸汽及凝液排空；

⑤ 关闭油缸进、出口阀；

⑥ 关闭冷却水；

⑦ 搞好机泵及周围区域卫生。

7.2.5 切换泵操作

① 做好开泵前的准备工作；

② 按开泵步骤启用备用泵；

③ 备用泵运转正常后，在保持流量平稳的前提下，逐渐加快备用泵往复次数，减慢运行泵的次数，直至停下；

④ 换泵时应注意两台泵的出口压力，防止互相干扰。

7.2.6 流量、压力、冲程长度和冲程次数的调节

① 冲程长度与冲程次数不变，开大泵的出口阀，出口压力降低，但出口阀开大，阻力减小，冲程数随之加快，流量提高；反之关小出口阀，压力升高，流量下降。

② 其他条件不变，只改变冲程长度，流量亦增高。增加两个止动螺母之间的距离，冲程长度增大；反之，则减小。

③ 其他条件不变，开大蒸汽进口阀，冲程加快，流量、压力均提高。关小蒸汽进口阀，冲程次数减小，流量和压力均下降。

④ 一般情况下，只允许用控制蒸汽量的方法来调节泵流量，保持油缸进、出口阀门全开状态。

7.2.7　故障原因及处理措施

蒸汽往复泵的故障原因及处理措施见表 7-2。

表 7-2　故障原因及处理措施

原因	处理措施
主汽阀开后泵不运转	
①主汽阀未开或阀芯脱落 ②汽缸内水未排尽 ③油缸出口阀未开或管内堵塞 ④油缸出口压力过大或缸内存油凝固 ⑤配汽阀在中间位置,汽道被堵塞 ⑥涨圈掉缸 ⑦错汽不对 ⑧活塞杆盘根压得太紧或者拉杆盘根掉了 ⑨排汽管堵塞	①开排汽阀或修理阀门 ②重新预热 ③打开出口阀或处理线 ④降低出口压力或加热油缸 ⑤关进汽阀,用撬棍撬动活塞杆,使配汽阀离开中间位置 ⑥联系检修人员处理 ⑦联系检修人员处理 ⑧松动盘根压盖 ⑨疏通管线
上量不正常	
①入口阀未开足 ②缸内有水产生汽阻 ③入口过滤器堵塞 ④涨圈损坏 ⑤塔内液面低或来量不正常	①全开入口阀 ②联系检修人员处理 ③清扫或改旁路 ④提高液面和检查原因
流量太小	
①冲程太小 ②涨圈失灵 ③出口压力过大 ④排汽管子堵	①联系检修人员处理 ②降低出口压力 ③疏通排汽管线
汽缸撞缸产生不正常杂音	
配汽阀调节不正常	联系检修人员处理
油缸撞缸	
①突然抽空 ②往复次数太快 ③冲程太长	①关小主汽阀,通知班长 ②使操作条件平稳 ③联系检修人员
汽缸或排汽部件发出咯吱声	
润滑不良或排汽部件歪斜卡住	联系检修人员处理
泵运转时有金属撞击声	
活塞和活塞杆配合处已脱节或活塞杆与联轴器销子松脱	联系检修人员
瓦露发出敲击声	
单向阀门弹簧松了或断了	联系检修人员
汽缸内存冷凝水有冲击声	
汽缸内有冷凝水	放净缸存水

续表

原因	处理措施
错汽发出冲击声	
排汽阀涨圈太紧或错汽阀变形	联系检修人员处理

7.2.8 泵的冻凝后处理

若刚刚出现轻微冻凝，适当开大预热阀，使泵体温度缓慢上升。待泵体温度上升时，尝试盘车，若盘车灵活，且出入口阀温度合适，则证明冻凝已处理完成；若盘车不动，则继续预热，直至盘车灵活。

若泵冻凝严重，开预热线不过量，甚至已发现冻坏，则需要将相连的出入口阀、预热阀关闭，将泵切除。如果出入口及预热阀关不动，可能也出现了冻凝，此时需要用蒸汽均匀缓慢地加热出入口、预热阀及前后一段管线，阀门可以关闭后将泵切除，防止处理泵体时有介质喷出无法切除。用蒸汽均匀缓慢地加热泵体，同时尝试盘车，若盘车灵活，且泵体有温度不冰手，则证明冻凝已处理完成；若盘车不动，则继续预热，直至盘车灵活。若存在漏点需要处理时，由于液化气管属于高危介质，蒸汽加热时必须均匀缓慢，防止局部骤热。

7.3 计量泵的操作

焦化装置中在分馏塔的塔顶需要注入缓蚀剂，在焦炭塔顶部需要注入消泡剂，缓蚀剂和消泡剂都需要由计量泵来输送完成。

（1）启动前的检查

① 检查曲轴箱润滑油油品是否合格，油位是否在油位指示的 1/2～2/3 处；

② 检查物料进料罐液位是否正常，液位过低时不能启动泵；

③ 打开泵进、出口阀门，检查泵进、出口管线及入口过滤器是否畅通；

④ 通过电动机风扇盘车，使泵运转两个往复以上（此时冲程不能在零位）；

⑤ 调整计量泵的行程至"0"位处；

⑥ 联系电气检查电动机接地电阻是否正常，操作启动按钮点动电动机，观察转向是否正常；

⑦ 投用压力表，投用计量泵出口安全阀；

⑧ 对泵体内腔及进、出管线进行充分排气。

（2）启动泵

① 对入口管线量筒补入介质以备标定（有标定要求的）；

② 接通电源，启动泵电动机，冲程在零位处运转 15min；

③ 调节计量泵冲程对计量泵进行标定（有标定要求的）；

④ 根据生产要求，调整泵行程至需求范围；

⑤ 检查泵出口压力是否正常，流量是否稳定；

⑥ 检查柱塞填料是否泄漏，润滑油是否泄漏。

注意事项：启动计量泵时，应密切关注泵出口压力的变化，严防憋压。

（3）泵切换

① 首先按要求检查备泵；备泵在冲程零位处运转 15min；

② 并与内操人员取得联系，一边调大备泵行程，一边调小运转泵行程，保证切换过程中泵的流量不变，直至运转泵行程调至零位处；

③ 停止运转泵运行，改为备用。

（4）停泵

① 将运行泵行程调整至零位处；

② 按停泵按钮停下运行泵；

③ 需要切出处理，关闭泵进、出阀；

④ 通过泵进、出导淋排净泵体内物料。

7.4　螺杆泵的操作

螺杆泵适用范围：用作装置内的富气压缩机润滑油泵、高压水泵润滑油泵、原料油泵、消泡剂泵、缓蚀剂泵。

7.4.1　启泵

（1）开泵准备

① 新泵开车前，应先将管道清理干净，严禁带入焊渣、铁锈等杂物，以免进入泵腔后螺杆咬死，管道的所有支撑都必须独立于泵，保证对泵不施加额外的作用力；

② 确认联轴器安装完毕，防护罩安装好；

③ 确认合格的润滑油（齿轮油 N150$^\#$）、脂（通用锂基脂 ZL-2）已加好，润滑油油位正常；

④ 确认泵出、入口阀关闭，处于冷态，泵内无工艺介质；

⑤ 关闭泵的排凝阀、放空阀；

⑥ 手动盘车，检查确认泵轴与电动机轴是否均匀地转动，无卡涩；

⑦ 确认泵出口压力表安装好并投用；

⑧ 投用泵的封油；

⑨ 投用泵冷却系统：投用轴承箱及支座的冷却水系统，投用机封冲洗水，投用连接板低压保温蒸汽；

⑩ 确认泵的入口过滤器干净并安装好；

⑪ 确认泵的机械、仪表、电气完好；

⑫ 确认电动机完好，联系电动机送电；

⑬ 关闭去分馏塔底阀和预热油阀（甩油泵）；

⑭ 关闭出、入口管线副线阀。

（2）灌泵（暖泵）

① 打开泵出口阀；

② 缓慢打开泵入口阀门，灌泵的同时进行暖泵，升温一定要缓慢（升温速度≤50℃/h）；

③ 其间要不断盘车，保证泵体受热均匀；

④ 待泵体温度升至介质温度时，等待开泵。

（3）启泵

① 泵腔和密封腔达到合适的温度后才可以启动电动机；

② 启动电动机；

③ 若出现异常泄漏、异常振动、异常声响、火花、烟气、电流持续超高等情况，停泵处理；

④ 确认泵排出压力稳定、流量正常。

（4）启动后的检查和调整

① 泵。

a.确认泵的振动在指标范围内；

b.确认轴承温度和声音正常；

c.确认润滑油油标液位正常；

d.确认润滑油温度正常；

e.确认泄漏在标准范围以内。

② 电动机。

a.确认电动机运转无异常声音；

b.确认电动机的振动在指标范围内；

c.确认电动机轴承温度正常；

d.确认电动机电流在指标范围内。

③ 工艺系统。

a.确认泵入口压力稳定；

b.确认泵出口压力正常；

c.确认泵出口流量正常。

④ 状态确认。

a.确认泵入口阀全开；

b.确认泵出口阀全开；

c.确认排凝阀、放空阀关闭无泄漏。

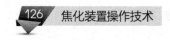

7.4.2 停泵

（1）状态确认

① 确认泵入口阀全开；

② 确认泵出口阀全开；

③ 确认泵出口压力正常；

④ 确认泵出口流量正常；

⑤ 确认排凝阀、放空阀严密；

⑥ 确认密封点泄漏在标准范围内；

⑦ 确认泵处于稳定工作状态。

（2）停泵

① 停电动机；

② 确认泵停运，出口压力为0；

③ 关闭泵出、入口阀；

④ 停用封油。

（3）蒸汽吹扫

若停泵时间较长，应用蒸汽吹扫泵腔和过滤器内腔，防止机封、螺杆、过滤网被冷油或焦粉结死，具体操作如下：

① 打开泵出口甩油线阀门；

② 打开入口过滤器蒸汽吹扫阀门；

③ 引汽吹扫；

④ 吹扫30～60min后，关闭甩油阀和入口给汽阀；

⑤ 打开排凝阀，排净存液后关闭。

（4）充油备用

① 打开封油阀，引入封油；

② 稍开排汽阀排气，使泵体内灌满封油，完成后关阀；

③ 低压保温蒸汽和机封冷却水长开，保证泵体内油温和机封温度。

7.4.3 日常维护

① 定期检查泵出口压力是否正常，电流是否超过规定；

② 检查泵的出口流量是否正常；

③ 注意泵温的升降，防止发生螺杆咬死或轴功率不足现象；

④ 检查泵的振动情况（≤2.8mm/s）；

⑤ 检查泵的相接管线运行情况，有无振动和泄漏；

⑥ 检查泵的密封泄漏情况（≤10mL/h）；

⑦ 检查泵及电动机有无异常声音；

⑧ 检查各部轴承温度，轴承温度不超过70℃（滚动轴承），轴承箱表面温度不超过50℃；

⑨ 保持润滑油在正常液面（油标的1/2～2/3处），润滑油变质后及时更换合格的润滑油；

⑩ 检查泵的冷却水、保温隔热蒸汽、封油保持畅通；

⑪ 检查泵的附属设施是否完好；

⑫ 备用泵每天盘车180°；

⑬ 保持泵体及电动机的卫生。

7.5 换热器的操作

换热器（冷却器）的操作方法如下。

（1）启用

① 启用前对换热器（冷却器）及附件进行全面检查，安装齐全，符合规定。

② 确认换热器（冷却器）试验合格方可启用。

③ 启用前排净换热器（冷却器）内的存水，关闭放空阀。

④ 根据操作温度不同对可燃介质一侧的空气用氮气或蒸汽进行置换合格。

⑤ 先开进、出口阀，后关副线阀。先进冷流体，后进热流体。

⑥ 先打开冷流体出口阀，打开排凝阀（排气阀），再慢慢地打开入口阀，赶净换热器内氮气（蒸汽）和存液后关排凝阀（排气阀），关冷流体副线阀，直至关死，注意防止憋压，同时观察设备的变化情况，待冷流体正常后，以同样的方法引热流入换热器（冷却器）。

⑦ 投用冷却水不用置换氮气（蒸汽）进行置换，只进行排气即可。

⑧ 在冷、热流体流量正常后，由于温度和压力的变化，可能会出现跑、冒、滴、漏等问题，需再次进行全面检查并进行螺栓热紧，不出现问题则说明投用正常，投用正常后要定时进行巡回检查。

注意事项：在进行蒸汽吹扫完后，如果不立即使用，则需要打开放空阀门保持与外界畅通，防止蒸汽冷却后，换热器负压，造成变形。

（2）维护

① 检查设备管件、法兰有无泄漏；

② 检查油品换热或冷却温度，按指标控制好油品出装置的温度；

③ 检查冷却器的排水是否带油；

④ 经常检查自产油品是否带水。

（3）停运

① 停运换热器（冷却器）按照先停热流体后停冷流体的原则进行。

② 先开副线，后关进、出口阀。

③ 在停热流体时，应先关入口阀门，后关出口阀门，降温后应进行扫线处理，扫线后可打开各程排凝阀放净介质，打开放空阀，经常检查排凝情况，确认出、入口阀均已关严，以避免出现大量跑油或造成其他事故。

④ 扫线时，换热器的软化水及冷却器的冷却水要先放干净，然后才能通蒸汽。

⑤ 如蒸汽吹扫，一定要排汽，不许自然冷却，造成换热器（冷却器）内变成负压，抽瘪设备。

7.6　污油罐的脱水操作

将罐内介质静置一段时间，保证油水分层，打开罐底排污阀，观察脱水情况。水量较大或含极少量油花时缓慢脱水，若见油或含少量水则关闭排污阀。若油水分离效果不好，无法正常脱水，则联系罐区将污油罐液位用泵送至罐区，直至无水或含极少量水。若排污阀因油凝固而排不出，则可用蒸汽将排污阀门及管线加热后再尝试排水。脱水过程必须携带可燃及有毒气体报警仪，且全程需要有人监控，操作人员离开时必须关闭排污阀。

7.7　安全阀的投用操作

安全阀要求每年校验一次，校验合格后将安全阀回装，回装就位后进行投用。

（1）安全阀系统检查

安全阀投用前还必须对安全阀本身以及安全阀的前、后、副线阀门进行检查，安全阀系统检查正常后方可进行投用操作。

（2）安全阀投用

① 开启安全阀后阀门。操作前需要准备好可燃气体和硫化氢报警仪。将安全阀后手阀缓慢打开，用报警仪检测安全阀后法兰及顶帽密封点是否有泄漏。若发现有泄漏现象，应切除安全阀，并进行紧固处理或更换垫片，确保阀门打开正常，全开后无泄漏。

② 开启安全阀前阀门。将安全阀前手阀缓慢打开，防止安全阀压力波动大，造成安全阀瞬间起跳，同时检测入口法兰是否有泄漏。如有漏点，处理后再正常投用，确保阀门打开正常，全开后无泄漏。

③ 关闭安全阀副线阀门。关闭安全阀副线阀门，确认副线阀能正常关闭。

④ 检查确认安全阀前、后阀铅封。

⑤ 投用后检查。安全阀投用后，仍需进行气密性和泄漏检查，检查无问题，则安全阀投用成功。

7.8 常用阀门的维护保养

每两个月对阀杆螺纹进行打油保养一次，对阀门附属螺栓打油保养一次，润滑脂选择 $2^{\#}$ 锂基脂。阀门手轮每半年刷漆保养一次，若手轮破损要及时进行更换。开关阀门时，用力要均匀，若没有出现阀门关不严或者漏量的情况，禁止用 F 扳手过猛加力强行压紧，防止因闸板下压过紧导致阀门损坏引起泄漏。

7.9 更换压力表的操作

（1）更换压力表

关闭压力表引出阀，使用防爆扳手进行松动压力表。压力表松动后，用擦机布围挡在连接处，防止由于存在残压而使介质喷出伤人；缓慢旋转出压力表，直至拆下。更换聚四氟乙烯垫片，安装合适的新压力表，用防爆扳手拧紧、固定，打开压力表引出阀，观察压力表读数，检查压力表红线及检验贴。

（2）压力表的选用

压力表类型很多，有不同的分类方法。

① 压力表按测量类别分为：压力表、真空表、压力真空表。

② 压力表按螺纹接头及安装方式分为：直接安装压力表、嵌装（盘装）压力表、凸装（墙装）压力表。

③ 压力表的精确度等级分为：1.0 级、1.6 级、2.5 级、4.0 级（各等级压力表的外壳公称直径见表 7-3）。

表 7-3 压力表的外壳公称直径

外壳公称直径/mm	精确度等级
40;60	2.5;4.0
100	1.6;2.5

压力表的精确度等级应按生产工艺准确度要求和最经济角度选用。压力表的最大允许误差是压力表的量程与精确度等级百分比的乘积，如误差值超过工艺要求准确度，则需更换精确度高一级的压力仪表。在满足工艺要求的条件下，优先选用外壳公称直径为 100mm 的压力表。

（3）压力表测量范围（表 7-4）

表 7-4 压力表的测量范围

类型	测量范围/MPa
压力表	0～0.1;0～1;0～10;0～100 0～0.16;0～1.6;0～16;0～160 0～0.25;0～2.5;0～25;0～250

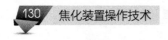

续表

类型	测量范围/MPa
压力表	0~0.4;0~4;0~40;0~400 0~0.6;0~6;0~60;0~600
真空表	−0.1~0
真空压力表	−0.1~0.06;−0.1~0.15;−0.1~0.3;−0.1~0.5;−0.1~0.9; −0.1~1.5;−0.1~2.4

压力表在测量稳定负荷时，不得超过测量上限的 3/4；测量波动压力时，不得超过测量上限的 2/3；测量最低压力在上述两种情况下，都不应低于测量上限的 1/3。

(4) 压力表按弹簧管的材质分

① 铜及铜合金普通压力表。

用途：测量无爆炸危险、不结晶、不凝固及对铜和铜合金不起腐蚀作用的液体或气体的压力。

工作温度：−40~+70℃。

工作环境：振动条件不超过 GB/T 4439 规定的 V.H.3 级。

适用介质：水、空气、氮气、润滑油。

适用环境：静态工艺设备、无振动工艺管线、仪表盘。

② 铜及铜合金耐振压力表。

用途：测量无爆炸危险、不结晶、不凝固及对铜和铜合金不起腐蚀作用的液体或气体的压力。

工作温度：−40~+70℃。

工作环境：振动条件超过 GB/T 4439 规定的 V.H.3 级。

适用介质：水、空气、氮气、润滑油。

适用环境：转动设备本体、转动设备接近工艺管线。

③ 铜及铜合金耐温压力表。

用途：测量无爆炸危险、不结晶、不凝固及对铜和铜合金不起腐蚀作用的液体或气体的压力。

工作温度：−25~+150℃。

工作环境：振动条件不超过 GB/T 4439 规定的 V.H.3 级。

适用介质：水、空气、氮气、润滑油。

适用环境：静态工艺设备、无振动工艺管线、仪表盘。

④ 不锈钢普通压力表。

用途：适用于有腐蚀介质环境中，测量不结晶、不凝固、有腐蚀作用的液体或气体的压力。

工作温度：−40~+70℃。

工作环境：振动条件不超过 GB/T 4439 规定的 V. H. 3 级。

适用介质：易燃、易爆、有腐蚀性的液体或气体。

使用环境：静态工艺设备、无振动工艺管线、仪表盘。

⑤ 不锈钢耐振压力表。

用途：适用于有腐蚀介质环境中，测量不结晶、不凝固、有腐蚀作用的液体或气体的压力。

工作温度：−40～+70℃。

工作环境：振动条件超过 GB/T 4439 规定的 V. H. 3 级。

适用介质：易燃、易爆、有腐蚀性的液体或气体。

适用环境：转动设备本体、转动设备接近工艺管线。

⑥ 不锈钢耐温压力表。

用途：适用于有腐蚀介质环境中，测量不结晶、不凝固、有腐蚀作用的液体、气体或蒸汽的压力。

工作温度：<150℃（不带散热器）；150～350℃（带铜散热器）；>350℃（带不锈钢散热器）。

适用介质：蒸汽及易燃、易爆、有腐蚀性的液体或气体。

适用环境：静态工艺设备、无振动工艺管线、仪表盘。

⑦ 如工作环境复杂，亦可选用耐温耐振型压力表。

(5) 压力表的安装

① 安装地点应力求避免振动和高温影响。

② 压力表的安装位置应符合安装状态的要求，表盘一般不应水平放置，安装位置的高低应便于工作人员观测。

③ 压力表安装处与测压点的距离应尽量短，要保证完好的密封性，不能出现泄漏现象。

④ 在安装的压力表前端应有缓冲器；为便于检验，在仪表下方应装有切断阀；当介质较脏或有脉冲压力时，可采用过滤器、缓冲器和稳压器等。

⑤ 压力表的连接处应加装密封垫片。

⑥ 测量蒸汽压力时应加装凝液管，以防止高温蒸汽直接和测压元件接触；对于有腐蚀介质时，应加装充有中性介质的隔离罐等。总之，针对高温、低温、腐蚀、结晶、沉淀、黏稠介质等具体情况，应采取相应的防护措施。

(6) 压力表的校验

① 用于本厂安全防护等方面属于强制检定的压力表，按国家规定半年检一次，如锅炉主体等特种设备的压力表。用于生产控制过程中重要参数的压力表，每半年检一次。

② 安装在生产线或设备上，计量数据准确度或危险程度要求高，但非停产不可拆

卸的压力表，可根据具体情况一年检一次或随设备检修周期同步安排周检，但要加强日常维护和监督。

③ 对于蒸汽管道、循环水管道、压缩空气管道、氮气管道、盐水管道等对压力值精确度要求不高的，或仅仅是显示其是否有压力的压力表，可进行使用前的一次性检定，使用过程中发现有误差影响时，再进行送检。

④ 各车间根据压力表的校验周期，在到期前 1 个月，向质检部上报校验申请。送检的压力表要保持清洁，要有编号和安装位置等标识。

(7) 压力表的日常维护

① 经过一段时间的使用与受压，压力表机芯难免会出现一些变形和磨损，压力表就会产生各种误差和故障。为了保证其原有的准确度而不使量值传递失真，应及时更换，以确保指示正确、安全可靠。

② 压力表要定期清洗。因为如果压力表内部不清洁，就会增加各机件磨损，从而影响其正常工作，严重的会使压力表失灵、报废。

③ 测压部位介质波动大，使用频繁，准确度要求较高，以及对安全因素要求较严的，可按具体情况将检定周期适当缩短。

④ 安装在有毒、易燃、易爆等介质的设备或管线上的压力表要定期检查气密性，以防有害介质泄漏，造成安全隐患。

⑤ 压力表的金属外壳定期除锈，涂刷防锈漆，以保护内部各机件不受损害。

⑥ 压力表的表盘玻璃要做好防腐蚀、防尘、防油污处理，以便于工作人员观测。标签粘贴位置要不妨碍读数，标签上的内容要清晰可辨。

⑦ 蒸汽管道的凝液管要做好防冻措施，在冬季停产后要将冷凝水吹除，防止压力表损坏。

⑧ 报废的压力表要及时送报仓库处理，生产操作现场不得有多余的压力表乱堆乱放。

7.10 液位计的使用操作

(1) 玻璃板的正确投用方法

① 先关闭玻璃板的上下角阀，将玻璃板切除。

② 开玻璃板的底部排凝阀，将玻璃板内的存液放净，排凝阀不要关闭。

③ 开玻璃板的上角阀，待玻璃板的排凝阀见气或液，关闭玻璃板的上引出阀门（塔壁阀）。

④ 开玻璃板的下角阀，待玻璃板的排凝阀见气或液，关闭玻璃板的排凝阀。

⑤ 打开玻璃板的上引出阀门（塔壁阀）。

⑥ 比较玻璃板内的液位。

（2）玻璃板正确投用后应注意事项

在打开上下阀时，阀杆退出 2～4 转，使钢球自封时，不至于碰到阀杆的顶端。此阀门全开/全关都不行，导致玻璃板没有液位或者放空放不出物料。

7.11 设备的防冻凝操作

7.11.1 焦化车间防冻凝的目的

本装置为重油加工装置，伴热线较多，为了防止管线等有死角地方冻裂及凝固，结合本装置特点制定本规程。

7.11.2 原则

① 所有伴热线全部给气并畅通，疏水器调整正常。

② 不用的设备、管线和冷却器内存水排净后用风吹扫干净，脱水阀打开（临冬）。

③ 各水线上的终点（包括汽线）排空阀稍开少许，维持少量流水（临冬）

④ 各固定消防蒸汽和吹扫蒸汽应稍开，少量冒汽（临冬）。

⑤ 各蒸汽胶管停用的必须排净存水，备用的保证少量长流水、常见汽。

⑥ 装置保温完好。

⑦ 装置的防冻凝工作实行车间管理人员、班长、岗位操作人员三级管理，岗位操作人员是防冻凝方案的直接操作者。

⑧ 所有的防冻凝措施纳入巡回检查内容，每小时检查一次，并严格执行交接班制度。

7.11.3 措施

① 加强巡检，填写巡检记录。

② 一旦发现有冻凝现象及时处理。

③ 车间管理人员对重点部位随时检查并作好记录。

④ 防冻凝出现问题时，由出现问题的班组处理使其恢复正常，并严格考核。

⑤ 重质油和液化气的采样，应先用蒸汽缓慢加热后，再缓慢开阀采样，不得盲目开大阀门采样，以免介质突然喷出伤人。

⑥ 伴热线全部通用（包括仪表），防止凝线凝表。内操监控仪表时如果发现液位计或压力出现异常（拉直线），应及时检查是否凝表，并联系仪表操作人员进行处理；凝线时应加大伴热蒸汽，并将蒸汽胶管拉到凝线处加热。

⑦ 干气、液化气系统及其死角要经常检查，及时脱水，防止管线阀门冻裂造成漏气事故。

⑧ 各机泵必须保持冷却水畅通，机泵有预热线的开预热阀预热，无预热线的机泵出口单向阀打空进行预热。预热机泵不能倒转。防冻凝期间，备用泵每小时盘车一次。

⑨ 所有蒸汽和水管线的分支，只要满足切除条件，应该关闭大线的引出阀，并使蒸汽和水在最低点排净。切不出的最末端应一直保持少量出水和排气。

⑩ 净化风、非净化风罐防冻凝期间低点放空定期排凝，各服务点的水、蒸汽也要保持适当开度，做到既节约又防冻。

⑪ 甩油出装置和退油线用完后必须在罐区进行蒸汽置换吹扫干净。

⑫ 各机泵房门窗关好，暖气投用并保持畅通。

⑬ 如发现设备、机泵、管线、阀门、仪表、接头等发生冻凝时，对冻凝的部位进行详细检查，如有冻坏现象，要采取妥善的办法处理，千万不要急于用蒸汽加热，以防冻坏处物料喷出；要用蒸汽慢慢化开，严禁用蒸汽强制大量加热，或强扭硬扳，以防损坏设备。

7.11.4　具体内容

（1）反应岗位任务

① 反应区域所有伴热给汽点及对应疏水点畅通。

② 反应区域的消防蒸汽线全部蒸汽总引出阀关闭，通风把管线内存水扫净。

③ V1205、V1206、V1203、T1204 底部加热盘管全部投用，各塔、容器液位、界位以及压力表伴热投用，并每小时同室内参数校准。

④ 蒸汽往复泵停用时，气缸保持预热状态。

⑤ 41m 蒸汽扫线长期保持放空见汽。

⑥ 烧焦罐循环水、水罐补新鲜水线保持少量长流水。

⑦ 放空塔顶空冷器停用后及时关闭百叶窗，关闭入口阀。空冷器吹扫干净后，停气打开入口阀，确保吹扫蒸汽放空达到见汽状态。

⑧ 冷焦水空冷器，放空塔顶空冷器伴热全部投用。

⑨ 7m 小给气排凝处接胶管引进溜槽。底盖保护蒸汽放空见汽。

⑩ 加热炉炉膛保护蒸汽两路末端放空见汽；炉顶的消防蒸汽最高端放空见汽；烧焦蒸汽弯角处低点放空见汽。

⑪ 除氧水泵与注水泵的联通线用风吹净存水。

⑫ E1209/A、B 水箱温度保持 80℃；补水阀保持少量常开。

⑬ T1204 塔底及抽出吹扫线关闭主蒸汽引出阀门，低点放空排净存水。V1205 加热盘管、抽出吹扫线、去放空塔吹扫线关闭主蒸汽引出阀门，低点放空排净存水。

⑭ V1206 底部循环水去 E1210 循环水联通线少量常开保持长流水。

⑮ 各水罐加热盘管少量通蒸汽投用；罐底扫线低点放空常开见汽。

⑯ 给水、放水线伴热投用。

⑰ P-1250/A 注酸性水停用时，需将 V-1310 抽出至泵酸性水线伴热投用。

（2）分馏岗位任务

① 分馏区域所有伴热给汽点及对应疏水点畅通。

② 分馏区域的消防蒸汽全部蒸汽总引出阀关闭，通风把管线内存水扫净。

③ V1202、V1204 底部加热盘管投用，各塔、容器液位、界位以及压力表伴热投用，并经常同室内参数校准。

④ 高温油泵备用泵保持预热状态，以泵不倒转为标准。

⑤ 机泵的蒸汽扫线引出阀门关闭，机泵前放空排净存水。

⑥ 侧线抽出蒸汽扫线总阀（T1202 四层平台）关闭，低点放空排净存水。

⑦ E1210/A、B 水温保持在 80℃；补水阀保持少量常开。

⑧ P1207、P1208 入口新鲜水线关闭管廊引出阀门，低点放空排净存水。

⑨ E1203、E1202 换热器平台蒸汽扫线关闭主蒸汽引出阀门，各低点放空排净存水。

⑩ 柴油空冷器的伴热全部切出，蒸汽引出阀法兰和回水阀法兰断开放空排净存水。

⑪ V1202 出口油气线扫线关闭蒸汽引出阀门，断开阀门法兰排净存水。

（3）吸收稳定任务

① 吸收稳定区域所有伴热给汽点及对应疏水点畅通。

② 吸收稳定区域的消防蒸汽全部引出阀关闭，低点放空排净存水。

③ V1301、V1304 底部水包加热盘管全部投用，各塔、容器液位、界位以及压力表伴热投用，并经常同室内参数校准。

④ 稳定汽油空冷器的伴热全部切出，蒸汽引出阀法兰和回水阀法兰断开放空排净存水。

⑤ 各备用泵单向阀打孔，开泵出口阀预热。

⑥ 压缩机入口管线的伴热全部投用。

⑦ 各压液线伴热投用。

装置蒸汽主管线末端用胶管接至地沟长期放空见汽；P1306 入口新鲜水线关闭管廊引出阀门，低点放空排净存水。

（4）除焦岗位任务

① 除焦完毕，高压水泵停泵后，通风吹扫高压水管线，三位阀前放空，吹净后调小风量长期吹扫，直至下一塔除焦。

② 钻杆、水力马达、水龙带、切焦器通风吹扫至畅通，吹净后调小风量长期吹扫，直至下一塔除焦。

③ 7m 平台处的净化风、非净化风线应在低点处长期放空见汽。

④ 反冲洗过滤器加热盘管投用，排污管伴热投用，使用完毕排污管阀门常开排净存水。

⑤ 各水线伴热投用。高压水罐补水线保持少量常开。

7.12　投用蒸汽伴热线操作

　　单支伴热线投用时，首先确认伴热站及回水站总管已经投用，将回水站对应的回水阀门关闭，将回水阀前的导淋阀打开排水。排净存水后到对应给汽站找到给汽阀门，缓慢打开给汽阀，观察回水导淋阀出口是否见水，见水证明伴热管无问题，将水排净见蒸汽后关闭导淋阀，打开回水阀，蒸汽阀门根据需要保持开度在 1/3 到全开。日常需要检查疏水器或中间伴热管的温度，保证伴热投用正常。

第 8 章

装置异常处理

8.1 停电异常处理

停电现象：DCS 画面显示所有机泵运行指示灯变为红色，相应各流量指示下降甚至回零，红灯闪烁并伴有声音报警。紧急停电预案如下。

8.1.1 应急小组成员

由当班班长担任应急小组总指挥，当班安全员负责现场组织，当班操作人员作为应急小组成员。

8.1.2 装置供电情况

① 供电分为两路供电，分别为 A 段（对应装置区所有 A 泵）和 B 段（对应装置区所有 B 泵），气压机为 B 段供电。

加热炉管注水泵 P1250A/B 有备用电源，A 泵起跳后 B 泵可自启，需保证泵出入口阀有三、四扣开度。若开度过大，电动机超流起跳，将导致不能及时恢复加热炉注水。

② 在停电过程中，为了快速恢复装置的运行，保证装置的平稳生产，可以根据实际情况，直接启动原运转机泵。

③ 现阶段公司电网负荷较大，大型机组的启停必须提前联系调度与电气车间，确认可以恢复后再重新启动，以免瞬间负荷过大造成更加严重的后果。焦化车间大型机组包括高压水泵、压缩机、辐射泵。

8.1.3 处置原则

防止加热炉管结焦、大型设备损坏、各系统高压窜低压；防止超温、超压；重点维

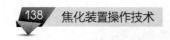

护好热油泵，防止端面密封漏油着火。

8.1.3.1 单段电路停电

（1）反应内操任务

① 若加热炉进料泵停运进料低流量联锁自保，两路燃料气阀切断，主火嘴全部熄灭，立即加大两路注水量。

② 关闭两路燃料气调节阀。

③ 待外操现场确认长明灯全部点燃、主火嘴手阀全部关闭后，DCS上切除辐射进料低流量和燃料气低压力联锁，然后到辅操台复位。

④ 启动加热炉进料泵备用泵后内操控制好两路进料，适当降低注水量。

⑤ 安排外操启动鼓风机后副操台再按联锁复位，反应岗外操现场点主火嘴，内操通过鼓风机和烟道挡板控制好炉膛氧含量和负压。炉膛负压控制太低，将影响点炉操作，如果出现炉膛负压太低的情况，建议内操先关小烟道挡板降低炉膛负压，再点火嘴。

⑥ 将炉出口提至正常温度（加工弹丸焦时，根据塔顶晃动等条件可以适当提高炉出口温度，防止黏油回落），根据后路岗位处理情况提高炉进料量。

⑦ 待一切正常后投用反应岗所有联锁。

（2）反应外操（甲、乙、丙）任务

① 班长带领甲迅速关闭辐射泵停运泵出口阀，并启动辐射泵备用泵（启动辐射泵前必须先启动封油泵）；

② 乙、丙关闭各主火嘴手阀；

③ 加热炉进料正常后，甲、乙、丙点燃各主火嘴，调整火嘴燃烧正常。

（3）分馏内操任务

① 将各调节阀打手动操作，用压缩机入口放火炬调节阀控制好分馏塔顶压力；

② 关闭两路水洗、汽包上水、酸性水及粗汽油、柴油、蜡油出装置调节阀；

③ 全面查看仪表有哪些流量回零，哪些压力及冷后温度上升，确定后立即通知班长、外操；

④ 机泵恢复正常后，加大回流量控制好塔温并调整正常。

（4）分馏外操（甲、乙）任务

① 甲在现场控制压缩机入口放火炬调节阀手阀；

② 班长带领乙关闭所有停运泵出口阀及备用泵预热阀；

③ 首先启动封油泵，然后分轻重缓急依次启动备用泵：顶循环泵、蜡油泵、循环油泵、柴油泵、中段泵、除氧水泵、粗汽油泵、酸性水泵。

（5）稳定内操任务

① 富气压缩机停运，压缩机入口放火炬大蝶阀联锁自保全开；将室内副操台联锁复位，关闭此阀；分馏内操用压缩机入口放火炬调节阀调节好分馏塔顶压力。

② 将各调节阀打手动操作，再吸收塔压力拉低至 0.4MPa。

③ 控制好稳定塔顶压力，用 V1304 顶压控制阀控制好燃料气管网压力。

④ 关闭稳定汽油和液化气出装置调节阀。

⑤ 全面查看仪表有哪些流量回零，哪些压力及冷后温度上升，确定后立即通知班长、外操。

（6）稳定外操任务

① 关闭所有停运泵出口阀。

② 先开稳定塔回流泵，然后按三塔循环依次启动：稳定汽油泵、吸收塔底泵、解吸塔进料泵、稳定塔进料泵、吸收塔中段泵、稳定塔顶回流泵及空冷器。

③ 根据 A、B 段停电情况进行相应处理。

a.若 A 段停电，则前路系统恢复正常，并且压缩机达到开机条件后，在班长带领下重启富气压缩机。

b.若 B 段停电，则联系电气操作人员将压缩机电路由 B 段改为 A 段，等前路系统恢复正常，并且压缩机达到开机条件后，在班长带领下重启富气压缩机。

在各岗位工艺处理完成、装置平稳后，将各停运机泵恢复到备用状态，确保供电恢复后可随时启用。各岗位加强对现场各机泵、换热器、阀门、法兰的巡检，出现问题后及时上报，第一时间采取有效的处理方法。

8.1.3.2 双段电路停电

（1）班长任务

负责下达装置按紧急停工处理指令。

（2）反应内操任务

① 立即关闭 V1203 燃料气调节阀，开大炉管注水调节阀；

② 联系调度、罐区打通退污油流程；

③ 密切关注辐射炉管压力与蒸汽压力，迅速联系外操，开两路烧焦蒸汽阀门向加热炉注汽；

④ 切四通至紧急泄压时一定要观察好炉出口压力，一旦憋压立即要求外操切回来。

（3）反应外操（甲、乙、丙）任务

① 甲、乙关闭两路燃料气主火嘴和长明灯炉前手阀，熄灭加热炉，投用两路烧焦蒸汽吹扫炉管，停炉管注水。

② 班长带领丙改通紧急甩油流程：打开四通阀后紧急甩油线手阀，经 E1209/B，打开甩油阀组手阀，打开界区退污油手阀至罐区。

③ 甲、乙至 7m 平台切四通至紧急甩油线；老塔改入放空塔，给汽处理。

④ 甲、乙、丙关闭各主火嘴、长明灯手阀。

⑤ 工艺处置完毕后，对加热炉进出口、焦炭塔、焦炭塔特阀、污油外甩管线及设备的阀门、法兰重点巡检。

（4）分馏内操任务

① 将各调节阀打手动操作，用压缩机入口放火炬调节阀调节好分馏塔顶压力；

② 关闭（小）各段回流、两路水洗、汽包上水、酸性水及粗汽油、柴油、蜡油出装置调节阀；

③ 联系加氢，外操现场关闭加氢低分气去 V1202 阀门，切除低分气。

（5）分馏外操（甲、乙）任务

① 甲现场控制压缩机入口放火炬调节阀；

② 班长带领乙关闭所有停运泵出口阀门及备用泵预热阀门；

③ 关闭粗汽油去稳定、柴油、蜡油、酸性水外送调节阀手阀；

④ 将各机泵恢复到备用状态；

⑤ 工艺处置完毕后，对各高温泵、换热器、空冷器、塔、罐等的法兰、阀门重点巡检。

（6）稳定内操任务

① 富气压缩机停运，压缩机入口放火炬大蝶阀联锁自保全开；到副操台联锁复位，关闭此阀，分馏内操用压缩机入口放火炬调节阀调节好分馏塔顶压力；

② 将各调节阀打手动操作，控制好各塔压力和液位，再吸收塔压力拉低至 0.4MPa；

③ 关闭（小）各机泵流量、吸收柴油进出、稳定汽油和干气、液化气出装置调节阀；

④ 用 V1304 顶压控制阀控制好燃料气管网压力。

（7）稳定外操任务

① 关闭所有停运泵出口手阀；

② 关闭（小）稳定汽油、液化气、干气出装置、吸收柴油进出再吸收塔调节阀手阀；

③ 将压缩机、各机泵恢复到备用状态；

④ 工艺处置完毕后，对富气压缩机及 E1303、E1306 等设备的运行情况重点巡检。

班长派各岗位人员对自己的岗位进行 24h 不间断巡检，将人员合理分配开，确保每个岗位的不同区域都有巡检人员，出现问题后可以及时发现并上报，第一时间对发现的问题采取最有效的解决方法。

在停电恢复过程中，当内操联锁复位以后，外操必须到现场进行确认。但当现场阀门并未恢复时，班长应及时手动打开阀门，装置恢复正常运行，联系仪表分析自保阀联锁恢复后未打开原因；若长时间内联锁无法恢复，阀门无法启用，则班长应马上下令按紧急停工处理。

8.2　封油带水异常处理

先停各机泵注入封油，加强封油外甩至罐区，同时加强封油脱水（派专人在封油脱水处不间断脱水），将不上量的离心泵切到备用泵，原料油泵、循环油泵、蜡油泵、辐射泵不上量可以使用开工泵代替，离心泵上量正常后停往复泵，封油脱水完成后缓慢注入封油。

8.3 停风异常处理

装置停净化风应急预案如下。

（1）现象

① 因供风中断，调节阀风开阀全关，风关阀全开。

② 仪表风压低报警或回零。

③ 流量、液面、压力等操作参数波动。

④ 净化风压力达到 0.35MPa 时，主控净化风开始低压力报警。

（2）短时间停风处理

出装置调节阀、燃料气调节阀为风开阀，回流调节阀为风关阀，压缩机压力自保调节阀、返飞动调节阀为风关阀。

① 发现净化风压力下降，迅速通知调度查明原因。

② 分馏外操到东界区开非净化风线与净化风线联通线，保证风压。

③ 当风压继续下降时，调节阀不能正常运作时，反应主操切除联锁，降低辐射量，用辐射泵变频控制入炉流量维持生产。

④ 反应外操开长明灯压力自保阀副线和手动打开主燃料气自保阀，保证加热炉正常燃烧（如有预热塔改闭路循环）。

⑤ 分馏主操通知罐区降量，分馏主操用 P1201、P1203、P1204、P1205、P1206、P1207 各机泵变频控制返塔量，P1208、P1214 用调节阀副线控制出装置流量，P401 用变频控制 V401 液位。

⑥ 分馏外操开蜡油、柴油、酸性水出装置调节阀副线控制液位。

⑦ 稳定外操关闭压缩机入口放火炬蝶阀 HV1006 前手阀，同时打开 HV1009 副线控制系统压力，开干气、液化气、汽油出装置调节阀副线控制压力、液位。

（3）长时间停风处理

① 发现净化风压力下降，迅速通知调度查明原因。

② 将调节阀由自动改手动。室外将风开阀副线适当打开，风关阀关闭调节阀前手阀。按事故紧急处理的先后顺序，控制好渣油进料量、炉子进料量。

③ 炉子主火嘴、长明灯熄灭后，关闭主火嘴、长明灯瓦斯手阀，视情况关炉膛消防蒸汽手阀，减少炉管给汽量。

④ 手动停鼓风机，关鼓风机出口挡板。

⑤ 将渣油改经四通阀紧急停工线出装置，若新塔已开始瓦斯预热，将渣油经开工

线改进新塔顶，经塔底甩油线，由 P1211 送出装置。

⑥ 对于分馏系统，适当关小各返塔调节阀前手阀或降低各机泵变频，避免淹塔，视情况停部分机泵，短时间建立循环，长时间停风停工处理。

⑦ 气压机反飞动阀全开，入口放火炬阀全开，现场视气压机运行情况，关小入口放火炬手阀及反飞动手阀，若无法维持，则紧急停机，用入口放火炬阀控制分馏压力。

⑧ 关干气出装置手阀系统保压，吸收剂泵、回流泵、液态烃泵停运后关出口阀，V1301、V1304、T1301、T1303 关塔底液控阀手阀，防止高压串低压；V1202 界控阀手阀关闭，防止汽油随污水压出装置。

⑨ V1204 收满液位，必须注意脱水，P1220 继续运转。

⑩ 焦炭塔切四通后，老塔正常处理。

⑪ 装置改闭路循环处理（为防止渣油凝线，应根据时间长短建立渣油适量开路外甩）。

⑫ 净化风压正常后，按操作规程点炉升温。

8.4 停氮气异常处理

焦化装置停氮气应急预案如下。

（1）现象

① 氮气压力下降，并伴有声音报警。

② 主密封气压力差压低到 0.05MPa，辅操台声控报警，联锁起跳，压缩机停机。

（2）处理措施

① 联系调度车间人员，查明停氮气原因。

② 当压力低至一定程度，联锁起跳，现场压缩机停。

③ 用压缩机入口蝶阀控制分馏塔顶压力，关小压缩机电动机循环水，润滑油站电加热，按正常启动压缩机步骤随时启动压缩机，控制各塔液位，建立三塔循环。

④ 反应岗摘除加热炉低流量联锁，降低两路辐射进料量。

⑤ 分馏岗内操通知储运车间降低处理量，降低各段回流量、出装置量。

⑥ 尽快找出停氮气原因，恢复生产。

8.5 停循环水异常处理

（1）停循环水现象

① 循环水压力下降、流量下降；

② 各冷后温度上升；

③ 各机泵电动机温度上升，SIS 辐射泵电动机、压缩机润滑油温上涨。

（2）处理措施

① 联系调度车间人员，查明停水原因；

② 查明原因，若长时间停循环水迅速降低处理量，则降低装置负荷；

③ 启动空冷器及各种降温手段保证冷后温度。

根据各泵介质情况现场用胶管连接新鲜水或者蒸汽线给各机泵轴承箱降温，重点监控辐射泵、循环油泵、蜡油泵、中段油泵，根据具体情况，用开工泵代替辐射泵、循环油泵平稳生产。

注意观察压缩机电动机温度，温度过高则停机处理，用入口放火炬蝶阀控制分馏塔顶压力。

短时间停水恢复后正常生产；长时间停水，则按停工处理。

第9章

装置安全要求

9.1 装置危险危害性分析

焦化装置的火灾危险分类等级为甲类，装置具有一定的危险危害性和有毒有害物质，装置生产过程中的易燃易爆物料性质列于表9-1。

表 9-1 装置生产过程中的易燃易爆物料性质

物料名称		数量/$(10^4 t/a)$	危险性等级
原料	减压渣油	160	丙B
产品	干气	7.17	甲
	液化石油气	5.40	甲A
	汽油组分	22.98	甲B
	柴油组分	54.21	丙A
	轻蜡油组分	23.71	丙B
	重蜡油组分	12.00	丙B
	石油焦	36.70	丙B
燃料	燃料气	$4289 \times 10^4 m^3/a$	甲

生产过程中的有毒有害物料列于表9-2。

表 9-2 生产过程中的有毒有害物料

物料名称	数量/(kg/h)	危害性	备注
二氧化硫		有毒	经高烟囱排放
含硫污水	5000～30000	有害	经酸性水汽提装置处理后回用或去污水处理场

续表

物料名称	数量/(kg/h)	危害性	备注
含油污水	11000	有害	隔油后回用或去污水处理场
碱液		腐蚀性	密闭排放

9.2 岗位对应安全风险点

① 反应岗每天流程改动较多,阀门开关频繁,极易使阀门开关不严或改动流程错误导致互串。

② 分馏岗机泵、换热器较多,巡检不到位很有可能发生设备泄漏而不自知。

③ 分馏岗流程复杂,若不熟练,易造成流程改动错误、窜油事故。

④ 焦炭塔温度最低也在400℃左右,操作上一定不能马虎,每开一个阀都要两个人以上确认操作以免发生事故。

⑤ 吸收稳定区域一旦发生法兰垫片泄漏,一定要做好个人防护,戴好防毒面具或空气呼吸器,使用防爆工具。

⑥ 禁止使用黑色金属等易产生火花的工具处理 P-1306 液化气泵,泄漏时背空气呼吸器去关阀。

⑦ 加热炉燃烧的燃料气有臭鸡蛋味,一旦吸入人体会发生中毒事故。

⑧ 开焦炭塔底盖前,确认好水已经放净,避免发生存水烫伤事故。

⑨ 开关阀门时,应注意脚下和身边情况,防止踩空撞伤。

⑩ 在上下铁梯时,应时常检查扶手铁板焊接有无损坏,及时上报,进行处理,注意警示牌。

⑪ 在蒸汽吹扫短接时,远离7m焦炭塔底盖,蒸汽吹出的焦块和蒸汽容易伤人。

⑫ 加热炉注水泵房中,应该保持窗户常开,机泵一旦泄漏,做好防硫化氢措施,才能到现场进行紧急处理。

⑬ 对于污油泵,由于含硫化氢,泵不上量时,排油气易中毒、闪爆。

⑭ 重油泵区域的重油温度高达300℃以上,泄漏后易引起火灾。

⑮ 蒸汽线属于高温高压,使用时应注意不能冲人。

⑯ 含硫污水中含有硫化氢,P1214 泵泄漏时会引起中毒,注意取样处引起中毒,取样时要佩戴好防毒面具。

⑰ 重油泵高温泄漏,机封泄漏时用蒸汽保护,切断进料。

⑱ 焦炭塔底盖拆卸使用工具时有飞出危险,一旦碰到他人,容易造成伤害。

⑲ 交接不清楚流程改动,导致接班人员正常操作使油窜到别的压力容器中导致事

故发生。

⑳ 取样时要求双人操作站在上风口。

㉑ 机泵视窗不清，缺油容易造成抱轴。

㉒ 稳定区法兰垫片泄漏，应该佩戴好防毒面具或正压式呼吸器，使用防爆工具处理。

㉓ 防爆区域必须使用防爆工具。

9.3 习惯性违章及其现象

（1）习惯性违章

习惯性违章是指固守旧有的不良作业传统和工作习惯，违反国家和上级制定的有关规章制度，违反本单位制定的现场规定、操作规程、操作办法等进行工作，不论是否造成后果，统称为习惯性违章，其行为明显威胁安全或不利于安全生产，也称为违章作业。

（2）习惯性违章产生的原因

① 缺乏制度和标准；

② 制度不能严格执行；

③ 缺乏监督和监管不力；

④ 教育不足无意识违章；

⑤ 设备实施结构不合理；

⑥ 安全意识薄弱；

⑦ 嫌麻烦、图方便；

⑧ 惰性心理；

⑨ 侥幸心理；

⑩ 缺乏安全文化等环境刺激。

（3）习惯性违章分类

习惯性违章分为行为性违章、装置性违章、管理性违章。

① 行为性违章。员工在工作中的行为违反规章制度和其他有关规定，称行为性违章。

② 装置性违章。设备、设施、工作现场不符合安全规定、规章制度和其他有关规定，称装置性违章。

③ 管理性违章。管理制度不健全，管理工作不严格、不及时、不到位等威胁到安全生产，称管理性违章。

（4）装置常见习惯性违章现象

① 戴手套擦拭泵及其他设备；

② 在易燃易爆区未按规定消除静电、使用电话或其他不防爆工具；

③ 在厂区内吸烟及携带烟火和易燃、易爆、有毒、有害、易腐蚀品等入厂；

④ 吊车、叉车、电瓶车、翻斗车等工程车载人行驶；

⑤ 机动车进入厂区不安装阻火器；

⑥ 从高处往下抛投工具、杂物等；

⑦ 进入油气区及易燃易爆装置等时穿高跟鞋、凉鞋、带铁钉鞋等不安全防护用品；

⑧ 进入油气区时不穿戴防静电工作服；

⑨ 工作岗位、施工现场人员不按规定穿戴劳动保护用品；

⑩ 机关人员下基层不按规定着装；

⑪ 夏天挽衣袖、穿短袖工装；

⑫ 女工长发未扎结进入现场作业；

⑬ 进行有毒、有害、酸碱及迸溅物质作业时未佩戴防护眼镜及防护手套等个人防护用品作业；

⑭ 夜间上岗不带防爆手电筒；

⑮ 对机动设备的运转部件在运转中进行擦洗和拆卸；

⑯ 在厂区内未经批准私自进行生活用火，如使用电炉子做饭、热饭、取暖等；

⑰ 工作时间大声喧哗；

⑱ 当班脱岗、窜岗、打瞌睡、睡觉等；

⑲ 班前班上喝酒；

⑳ 工作时间干私活；

㉑ 进入有毒有害场所时未佩戴防护用品；

㉒ 引领未经安全教育人员进入生产区；

㉓ 就地排放易燃易爆物及危险化学品；

㉔ 用汽油、易挥发液体擦拭设备、衣物、工具及地面等；

㉕ 在起吊物下逗留；

㉖ 骑电动车进入生产装置区；

㉗ 将废试剂、试剂倒入下水道；

㉘ 封闭或堵塞消防通道；

㉙ 在检修现场和工作现场中不能正确佩戴安全帽；

㉚ 高空作业时不能正确使用安全带（包括不高挂低用、不扣在牢固的结构上），高空作业时物件上、下抛掷；

㉛ 使用未经试验合格的电动工具及其他工、器具；

㉜ 工作票办理许可和终结时不会同当、值班人员到现场办理；

㉝ 班组长不按要求开好班前、班后会，安全活动流于形式，针对性较差；

㉞ 工作中休息时将安全帽当作凳子或做他用；

㉟ 消防器材使用后不及时汇报有关部门；

㊱ 工作完毕后不能做到料净、场地清，工作中不慎洒落的油、水不及时擦净；

㊲ 操作、巡视时不戴安全帽；

㊳ 巡检不到位、质量差；

㊴ 工作现场监护不到位；

㊵ 工作前不进行安全交底或未按交底要求进行交底，安全交底流于形式；

㊶ 动火前不办理工作票，动火前未按要求做好安全措施，重要部位动火无人监护。

9.4　消防和防护器材的使用

（1）8kg 灭火器的使用方法

先把灭火器提到起火现场，将灭火器上下颠倒几次，使干粉松动后，用一只手拿住喷嘴，另一只手去捏环，使干粉喷出，将喷嘴对准火焰根部，左右摆动，迅速推进不留残火，避免复燃。

（2）35kg 灭火器的使用方法

使用时一般由两人操作，先把灭火器拉到或推到火场，在距离约 10m 处停下来，一人迅速拆下安全销，然后向上提手柄，开到最大位置，另一人则迅速取下喇叭喷筒，展开喷射软管后，双手紧握喷筒根部的手柄，把喇叭喷筒对准火焰根部喷射。

（3）正压式呼吸器使用方法

① 穿戴装具。背上装具，通过拉肩带上的自由端调节肩带的松紧，直到感觉舒适为止。

② 扣紧腰带。插入带扣，收紧腰带，将肩带的自由端系在背带上。

③ 佩戴全面罩。

a.打开瓶阀门，关闭需求阀，观察压力表读数，气瓶压力不低于 20MPa；

b.放松头带，拉开面罩头带，从上到下把面罩套在头上；

c.调整面罩位置，使下巴进入面罩体凹形处；

d.先收紧颈带，然后收紧边带，如果不适可调节头带松紧程度。

④ 检查面罩泄漏及呼吸器的性能。

a.将气瓶阀关闭，吸气直到产生负压，空气应不能从外面进入面罩内，如能进入，则再收紧扣带；

b.面罩的密封件与皮肤紧密贴合，是面罩密封的唯一保证，必须保证密封面没有头发等毛状物；

c.通过几次深呼吸检查供气阀性能，吸气和呼气都应舒畅，没有不适的感觉；

d.装具投入使用。

⑤ 注意事项。

a.使用呼吸器时应经常观察压力表读数，压缩空气用至 5MPa，达到报警器报警压力时，报警器不断发出声响；

b.报警器发出声响时，必须立即撤离。

9.5 装置安全事故案例

9.5.1 焦炭塔冲塔

焦炭塔冲塔，造成焦炭塔油气携带泡沫焦进入分馏塔，轻则致使分馏塔底过滤器堵塞、分馏塔底结焦，严重时甚至会造成装置被迫停工，所以避免焦炭塔冲塔是焦化长周期平稳运行的一个关键因素。

（1）事故案例 1

某延迟焦化装置采用的是传统焦化流程，即渣油经加热炉对流段加热后到分馏塔下部，和焦炭塔顶过来的油气传质传热到分馏塔底部，再由辐射进料泵送至加热炉的辐射段，然后进焦炭塔。在焦炭塔换塔后，分馏塔液面突然上升，对流流量下降，老塔压力略有下降后快速上升，随后辐射进料泵抽空，加热炉进料一度中断，为保证加热炉不超温，避免胶管结焦，不得不熄灭大部分火嘴。之后在启动往复泵维持生产 1h 后，辐射进料泵才缓慢上量，逐渐恢复正常。恢复正常生产后检查发现部分炉管结焦严重，炉膛温度上升 20℃，辐射入口压力上升 0.1MPa，加热炉负荷上升明显。

（2）事故案例 2

南方某延迟焦化装置换塔后发生冲塔，大量泡沫焦被带至分馏塔，使分馏塔底循环油系统彻底瘫痪，循环油泵长时间抽空，装置被迫停工。打开分馏塔人孔后发现，分馏塔底约 7m 高的空间已基本被焦块堵死，人字挡板表面亦覆满油泥状焦粉，蜡油集油箱结焦严重，焦粉堆积高度达到 0.3～0.5m。中段回流的数层塔盘上都有积有油泥和焦粉，塔盘浮阀被粘连后无法自由升降，最后清出焦炭总量达 50～60t。

引起焦炭塔冲塔的原因有很多，上述两起案例事后分析发现焦层加泡沫层超过焦炭塔安全高度。由于原料品种变化，在相同焦高的情况下泡沫层高度远高于正常值，是这两次冲塔的主要原因。另外会造成冲塔的因素还有：

① 辐射出口温度过低或温度指示偏高；

② 泡沫层已近安全高度，换塔后小吹汽量过大，泡沫层携带到分馏塔；

③ 换塔时，新塔塔底油未退净；

④ 换塔后，老塔压力突然降低，会使老塔内油气体积膨胀，促使油气线速度突然增加，同时会使泡沫层厚度上升，发生冲塔事故等。

当发生冲塔时，对于传统焦化流程首要的任务就是保护加热炉炉管不结焦，在辐射量中段时要加大注汽量，迅速降低加热炉出口温度和炉膛温度，必要时可熄灭部分炉火。对可灵活调节循环比的流程焦化装置，要及时对分馏塔底循环油过滤器切除清焦。无论采取何种流程，发生冲塔后都要密切注意分馏塔液面，严防满至蜡油集油箱，并检查各侧线产品有无变色，一旦变色，应及时联系调度和油品车间改罐。

在满负荷加工劣质原料的情况下如何避免焦炭塔冲塔，各炼厂都做了很多积极的探索，大致总结如下：

① 实施加热炉变温、变量操作，采取换塔前降量提温、换塔后提量降温的措施；

② 换塔时控制压缩机入口压力，减小老塔压力下降，维持系统压力不致下降过快；

③ 换塔后增加急冷油流量控制泡沫层携带；

④ 换塔后要立即进行小吹汽，吹汽前要进行脱水；

⑤ 配合料位计监控，正确使用消泡剂，优化注入位置和注入量，特别要注意换塔后不能立即停止消泡剂注入；

⑥ 尽可能降低焦炭塔气速，如根据装置自身情况降低注汽量等；

⑦ 换塔前甩油罐液位不能过高，确保新塔底油退净。

9.5.2　操作失误引起的事故

延迟焦化装置由于属于周期性生产，人为干预的工作较多，由操作失误引起的事故也相应较多，甚至出现过除焦开自动顶盖时，误开正在生产的焦炭塔顶盖，高温油气大量泄漏，引发大火，装置被迫停工。分析此类事故，都属于操作不当、检查不够造成的，应引起广大焦化管理人员足够的重视。

（1）事故案例 1

2004 年 11 月 1 日，某延迟焦化装置操作工在巡检时发现焦炭塔 A 的急冷油没有关到位，于是将其关闭，但此时焦炭塔 A 底盖的短接螺栓已被拆除，并开始有油水混合物从法兰缝隙中流出，漫延到 10m 平台底盖机行轨间，并沿着溜槽流入储焦池，且油量逐渐增大，之后突然大量油涌出，喷到 8m 远处处于生产状态的焦炭塔 B 裸露的入口高温短接上，自燃起火，并将储焦池水面浮油引燃。有关人员立即进行现场扑救，装置紧急停工。14：30 左右，装置平面及地面火扑灭；14：50 左右，储焦池火扑灭；15：10 焦炭塔顶部自动顶盖机液压油火灾扑灭，至此火灾全部扑灭。

事故分析和教训：

① 焦炭塔切塔后，未关严老塔急冷油管线上的三组阀门，使急冷油继续进入塔内。对焦炭塔放水是否放净判断失误。在拆焦炭塔短接前，没有根据焦炭塔压力指示进一步确认水是否放净。待拆开焦炭塔短接后，大量急冷油喷出，喷溅到正在生产的焦炭塔高温进料管线上，引发自燃着火。

② 除焦工拆卸短接，一定要按照先松开螺栓、检查确认后再判断的步骤进行，不能直接拆掉全部螺栓。

③ 巡检要到位。从换塔到急冷油阀门未关严经过了两个班、11h。此案例中内操对参数控制不严，B 塔因急冷油注入不足，实际在焦炭塔顶出口温度要求以下生产近10h，只是怀疑是蜡油泵不上量所致，未对全流程进行检查，错过了消除事故隐患的机会。

（2）事故案例 2

对流管结焦。某延迟焦化装置开工前发现对流炉管串油凝固，为了疏通管线，车间在开工前进行烘炉处理。炉膛温度逐渐升至 300℃，突然炉底漏油着火。事后经查，对流室入口管线仍然不通，有一根炉管被憋破，裂口长度达到 180mm。

事故分析和教训：加热炉在没有处理畅通的情况下，绝对不能用点火烘炉的方法疏通管线，只能用蒸汽加热和吹扫的方法进行处理。

（3）事故案例 3

沿海某炼厂焦化装置，某日 21：50 加热炉对流室外突然着火，岗位人员立即切断加热炉进料迅速报警，后出动消防车辆数十辆，23：00 火被扑灭，无人伤亡。熄火停泵又致使炉管结焦，导致装置停工，炉管抽出清焦，检修时间延长。

事故原因：操作工切断四通阀，由 B 塔切入 A 塔后，应该关闭 B 塔的进料球阀，却误操作为关闭去 A 塔的进料球阀，导致炉出口憋压，加热炉入口压力升高，因泵出口压力最高可达 5.0MPa，最终导致加热炉对流室 A 组入口 $DN40mm$ 注汽管线单向阀上法兰金属缠绕垫片外圈吹掉，350℃的渣油泄漏着火。

预防措施：

① 切换四通时，必须由班长到现场确认，也就保证了必须两人以上操作。

② 四通阀加联锁：四通阀走油一侧的切断球阀不能关闭，切断球阀不打开，四通阀不能向该侧切换。

③ 加热炉进料调节阀加联锁：当加热炉憋压时，应切断燃料气、切断进料、炉管通蒸汽。

④ 提高加热炉出口管线、阀门、法兰及垫片的等级和质量。

（4）事故案例 4

贫气倒窜引起粗汽油罐起火爆炸事故，此事故虽然发生在催化装置，但对焦化装置同样有借鉴作用。2003 年 4 月 19 日 4：40，某石化厂催化装置稳定汽油分析结果不合格，调度通知分馏岗操作员，稳定汽油走不合格油线，进入 5# 粗汽油罐。4：50 粗汽油罐突然起火爆炸，相邻的 3# 凝缩油罐相继发生爆炸，大火烧了一个多小时才被扑灭。事故造成 3#、5# 两个粗汽油罐罐顶撕裂，罐体变形塌陷，整罐完全报废，直接经济损失达到 30 多万元。

事故原因：分馏岗位操作员将稳定汽油改走不合格线流程时，错误地打开了粗汽油阀组不合格油线阀门，并且未关闭粗汽油进吸收塔阀门，使吸收塔内压力为 1.08MPa 的贫气倒窜进不合格油线，进常压储罐 5# 粗汽油罐，导致 5# 罐严重超压，从底部撕裂；遇撕裂过程中产生的火花引发爆炸，并引燃了防火堤内的汽油，汽油燃烧时对 3# 罐不断加热，使 3# 罐内储存的瓦斯凝缩油急剧挥发、膨胀、罐内超压，再次引发 3# 罐爆炸。

第 10 章

DCS模拟仿真操作

10.1 工艺流程

10.1.1 装置简介

本 100 万吨/年延迟焦化装置是以减压渣油为主要原料进行二次加工的装置,年处理减压渣油能力为 100 万吨(80~110 万吨/年),主要产品为汽油、柴油、石油焦,副产品有干气、液化气、蜡油。

装置工艺上采用一炉两塔、单井架水力除焦,无堵焦阀密闭放空的先进工艺。装置主体包括焦化、分馏、吸收稳定三部分,系统配套有配电、仪表室,高、低压水泵房,压缩机房,焦炭储运装车场等。装置设计规模为加工 100×10^4 t/a 高凝减压渣油,设计循环比为 0.4,额定工况下在 0.3~0.45 之间可调,生焦周期为 24h。装置还包括了吸收稳定操作单元,以回收焦化富气中的液态烃。

装置包括反应、分馏、吸收稳定、压缩机等系统,还包括焦炭塔水力除焦和天车装置等辅助系统。

10.1.2 工艺流程说明

(1) 反应部分工艺流程

150℃减压渣油从装置外来,进入原料缓冲罐 D-3101,经原料油泵 P-3101 抽出,送入柴油-原料油换热器 E-3101A~H、原料-蜡油换热器 E-3102A~F、原料-蜡油回流换热器 E-3103A~F,换热后(246℃)分两股进入分馏塔 C-3102,在分馏塔内与来自焦炭塔 C-3101AB 的高温油气接触换热,高温油气中的循环油馏分被冷凝,原料油与冷凝的循环油一起进入分馏塔底,经加热炉辐射进料泵 P-3102 升压后进入加热炉对流室,过对流段加热到 430℃左右,进入辐射段。

加热炉进料经加热炉辐射段加热至 500℃ 左右，出加热炉经四通阀进入焦炭塔底部。高温进料在高温和长停留时间的条件下，在焦炭塔内进行一系列的热裂解和缩合等反应，最后生成焦炭和高温油气。高温油气和水蒸气混合物自焦炭塔顶大油气线去分馏塔下部，焦炭在焦炭塔内沉积生焦，当焦炭塔生焦到一定高度后停止进料，切换到另一个焦炭塔内进行生焦。切换后，老塔用 1.0MPa 蒸汽进行小吹汽，将塔内残留油气吹至分馏塔、保护中心孔、维持延续焦炭塔内的反应。然后再改为大吹汽、给水进行冷焦。焦炭塔吹汽、冷焦时产生的大量高温蒸汽（≥180℃）及少量油气进入接触冷却塔，产生的塔底油用接触冷却塔塔底泵抽出，经水箱冷却器 E-3114 冷却到 110℃，部分打入接触冷却塔顶做洗涤油。接触冷却塔顶蒸汽及轻质油气经塔顶空冷器 A-3105、水冷器 E-3112 后，进入接触冷却塔顶油水分离器 D-3108，分离出污油。

（2）分馏部分工艺流程

高温油气和蒸汽自焦炭塔顶至分馏塔下部换热段，再经过洗涤板，从蒸发段上升进入蜡油集油箱以上分馏段分离，分馏出富气、汽油、柴油和蜡油馏分；分馏塔底油一路做辐射进料，另一路自塔底抽出，经泵 P-3109 升压后分两路，一路去换热段的第 4 层塔板，另一部分返回到换热段下部。

蜡油自分馏塔 C-3102 蜡油集油箱分两部分抽出，一部分蜡油去蜡油汽提塔 C-3103，塔顶油气返回焦化分馏塔 32 层，塔底油由泵 P-3107 升压后依次进入原料-蜡油换热器 E-3102A～F、除氧水-蜡油换热器 E-3106A，B、蜡油空冷器 A-3104A，B 和蜡油后冷器 E-3111A，B，冷却到 90℃ 左右后出装置；另一部分蜡油自流入蜡油回流泵 P-3108 入口，经泵升压后依次进入原料-蜡油回流换热器 E-3103A～F、稳定塔底重沸器 E-3303 和蜡油回流蒸汽发生器 E-3108，换热后分两路，一路进入蜡油集油箱下的洗涤板作为洗涤油，另一路返回分馏塔 C-3102 第 31 层塔板作为上回流，以调节蜡油集油箱气相温度。

中段回流从分馏塔 C-3102 第 18 层塔板抽出，经中段回流泵 P-3106/A，B 升压后送至解吸塔底重沸器 E-3302，作为重沸器的热源，再经中段回流蒸汽发生器 E-3107/A，B，发汽后分两路，一路返回分馏塔 C-3102 第 16 层塔板作为回流，另一路去焦炭塔顶做急冷油。

柴油由柴油泵 P-3105/A，B 从分馏塔 C-3102 第 14 层抽出，经原料-柴油换热器 E-3101A～H 后分两路，一路直接返塔 12 层作为回流；另一路经过富吸收油-柴油换热器（E-3105A，B）和柴油空冷器 A-3103A～C 冷却后又分两路，一路出装置，另一路经柴油吸收剂泵 P-3117/A，B 升压后经柴油吸收剂冷却器 E-3109 进一步冷却到 40℃ 后，送往再吸收塔 C-3203 做吸收剂，富吸收剂再经换热后返回分馏塔第 12 层。

分馏塔顶循环回流从分馏塔第 3 层自流进入燃料气-顶循环换热器 E-3104，换热后经顶循环油泵 P-3104/A，B 升压至顶循环空冷器 A-3102A～D，冷却后返回塔顶层。

分馏塔顶油气经分馏塔顶空冷器 A-3101A～C 冷却到 40℃ 后，进入分馏塔顶油气分离器 D-3103，分离出粗汽油、富气和含硫污水。粗汽油经粗汽油泵 P-3103/A，B 升压后送至吸收稳定系统。富气去富气压缩机 K-3301，含硫污水用分馏塔顶含硫污水泵 P-3116/A，B 升压后分三路，一路送出装置，一路去分馏塔顶空冷器前油气线做洗涤水，另一路去压缩富气空冷器前富气线做洗涤水。

（3）稳定部分工艺流程

从分馏塔顶油气分离器 D-3103 出来的富气被压缩机 K-3301 加压，压缩后气体与解吸塔顶解吸气及吸收塔底泵 P-3306 来的饱和吸收油混合经压缩富气空冷器 A-3301 冷却至 40℃后，进入压缩机出口油气分离器 D-3301，分离出富气和凝缩油，为了防止设备腐蚀，在 A-3301 前注入洗涤水，酸性水靠自压从 D-3301 排出，和 D-3103 的含硫污水汇合送出装置。

从压缩机出口油气分离器 D-3301 来的富气进入吸收塔 C-3301 下部，从分馏部分来的粗汽油以及稳定系统来的补充吸收剂分别由第 3 层和第 1 层打入，与气体逆流接触。为了保证吸收塔的吸收效果，在吸收塔中部设有一个中段回流，分别从第 15 层抽出经吸收塔中段冷却器 E-3305A，B 冷却，然后返回塔的第 16 层上方，以取走吸收过程中放出的热量。吸收塔底的饱和吸收油经泵 P-3306A，B 加压后，进入压缩富气空冷器 A-3301 前。

从吸收塔顶出来的贫气进入再吸收塔 C-3303 底部，与从分馏部分来的贫吸收油逆流接触，以吸收贫气携带的汽油组分，从再吸收塔顶排出的干气送往催化脱硫装置，塔底富吸收油返回分馏塔 12 层。

自压缩机出口油气分离器 D-3301 出来的凝缩油经 P-3301/A，B 加压后，经解吸塔进料换热器 E-3301 与稳定汽油换热后，进入解吸塔 C-3302 上部，解吸塔底热源由分馏塔中段回流提供，解吸塔顶气体至压缩富气空冷器 A-3301 前与压缩富气、饱和吸收油混合，通过解吸以除去凝缩油中被过度吸收下来的 C_2 和 C_1 组分。

从 C-3302 塔底出来的脱乙烷汽油与稳定塔底油换热后进入稳定塔 C-3304，塔底稳定汽油被加热至 170℃左右以脱除汽油中的 C_3、C_4 组分。塔底重沸器由分馏塔蜡油回流供热，C_4 及 C_4 以下轻组分从 C-3304 顶馏出，分两路，一路经热旁路进稳定塔顶回流罐 D-3302；另一路经稳定塔顶空冷器 A-3302 冷凝冷却到约 40℃，进入回流罐 D-3302。D-3302 液化气用泵 P-3304 加压，一部分作为塔顶回流，另一部分作为产品送出装置。塔底的稳定汽油先与脱乙烷汽油（稳定塔进料）和凝缩油（解吸塔进料）换热后，再进稳定汽油空冷器 A-3303，冷却到 40℃，其中一部分作为产品送出装置去石脑油加氢装置处理，另一部分用泵 P-3303 打入塔 C-3301 顶作为补充吸收剂。

10.1.3　设备列表

装置主要设备见表 10-1。

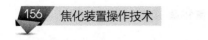

表 10-1 装置主要设备

序号	代号	名称
1	D-3101	原料缓冲罐
2	D-3103	分馏塔顶油气分离器
3	D-3105	蒸汽发生汽包
4	D-3107	甩油罐
5	D-3108	接触冷却塔顶油水分离器
6	D-3111	封油罐
7	D-3114	燃料气分液罐
8	D-3301	压缩机出口油气分离器
9	D-3302	稳定塔顶回流罐
10	E-3101/A~H	原料-柴油换热器
11	E-3102/A~F	原料-蜡油换热器
12	E-3103/A~F	原料-蜡油回流换热器
13	E-3104	燃料气-顶循换热器
14	E-3105/A,B	富吸收油-柴油换热器
15	E-3106/A,B	除氧水-蜡油换热器
16	E-3107/A,B	中循蒸汽发生器
17	E-3108	蜡油回流蒸汽发生器
18	E-3109	柴油吸收剂冷却器
19	E-3110	封油冷却器
20	E-3111A,B	蜡油后冷器
21	E-3112A~D	接触冷却塔顶后冷器
22	E-3113	接触冷却塔底重沸器
23	E-3114A,B	冷却塔底油及甩油冷却水槽
24	E-3301	解吸塔进料换热器
25	E-3302	解吸塔底重沸器
26	E-3303	稳定塔底重沸器
27	E-3304	稳定塔进料换热器
28	E-3305/A,B	吸收塔中段冷却器
29	A-3101/A~F	分馏塔顶空冷器
30	A-3102/A~D	顶循空冷器
31	A-3103/A~C	柴油空冷器
32	A-3104/A~D	蜡油空冷器
33	A-3105/A~H	接触塔顶空冷器
34	A-3201/A~I	冷焦水空冷器
35	A-3301/A~B	压缩富气空冷器

续表

序号	代号	名称
36	A-3302/A~B	稳定塔顶空冷器
37	A-3303/A~B	稳定汽油空冷器
38	C-3101/A,B	焦炭塔
39	C-3102	分馏塔
40	C-3103	蜡油汽提塔
41	C-3104	放空塔
42	C-3301	吸收塔
43	C-3302	解吸塔
44	C-3303	再吸收塔
45	C-3304	稳定塔
46	K-3301	压缩机
47	P-3101A/B	原料油泵
48	P-3102A/B	辐射进料泵
49	P-3103A/B	粗汽油泵
50	P-3104A/B	顶循环油泵
51	P-3105A/B	柴油及回流泵
52	P-3106A/B	中段回流泵
53	P-3107A/B	蜡油泵
54	P-3108A/B	蜡油回流泵
55	P-3109	塔底循环油泵
56	P-3110A/B	接触冷却塔底污油泵
57	P-3111A/B	接触冷却塔顶污油泵
58	P-3112A/B	开工泵
59	P-3113	甩油及开工泵
60	P-3114A/B	封油泵
61	P-3116A/B	分馏塔顶含硫污水泵
62	P-3117A/B	柴油吸收剂泵
63	P-3118	消泡剂注入撬计量泵
64	P-3124	缓蚀剂注入撬计量泵
65	P-3125	增液剂注入撬计量泵
66	P-3301A/B	解吸塔进料泵
67	P-3302A/B	稳定塔进料泵
68	P-3303A/B	稳定汽油泵
69	P-3304A/B	液化气泵
70	P-3305A/B	吸收塔中段回流泵

续表

序号	代号	名称
71	P-3306A/B	吸收塔底泵
72	P-3308	凝缩油泵
73	K-3102	鼓风机
74	K-3103	引风机

10.1.4　仪表列表

装置主要仪表见表10-2。

表 10-2　装置主要仪表

序号	仪表号	说明	单位	量程	正常值	报警值
控制仪表						
1	FC3102	分馏塔进料流量控制	t/h	0～180.0	132.0	
2	FC3103	柴油外送流量控制	t/h	0～80.0	51.0	
3	FC3104	蜡油外送流量控制	t/h	0～60.0	13.0	
4	FC3201	一路炉管入口注气	kg/h	0～800.0	300.0	
5	FC3202	二路炉管入口注气	kg/h	0～800.0	300.0	
6	FC3203	三路炉管入口注气	kg/h	0～800.0	300.0	
7	FC3204	四路炉管入口注气	kg/h	0～800.0	300.0	
8	FC3205	一路炉管弯脖注气	kg/h	0～800.0	300.0	
9	FC3206	二路炉管弯脖注气	kg/h	0～800.0	300.0	
10	FC3207	三路炉管弯脖注气	kg/h	0～800.0	300.0	
11	FC3208	四路炉管弯脖注气	kg/h	0～800.0	300.0	
12	FC3209	一路炉管辐射注气	kg/h	0～800.0	300.0	
13	FC3210	二路炉管辐射注气	kg/h	0～800.0	300.0	
14	FC3211	三路炉管辐射注气	kg/h	0～800.0	300.0	
15	FC3212	四路炉管辐射注气	kg/h	0～800.0	300.0	
16	FC3213	一路炉进料量控制	t/h	0～60.0	40.0	L:30 LL:20
17	FC3214	二路炉进料量控制	t/h	0～60.0	40.0	L:30 LL:20
18	FC3215	三路炉进料量控制	t/h	0～60.0	40.0	L:30 LL:20
19	FC3216	四路炉进料量控制	t/h	0～60.0	40.0	L:30 LL:20
20	FC3271	急冷油流量控制	t/h	0～60	10.0	

续表

序号	仪表号	说明	单位	量程	正常值	报警值
21	FC3272	甩油罐流量控制	t/h	0～200		
22	FC3275	冷焦水流量控制	t/h	0～300		
23	FC3401	分馏塔顶回流量控制	t/h	0～200	81.0	
24	FC3402	分馏塔冷回流量控制	t/h	0～25		
25	FC3403	柴油返塔量控制	t/h	0～100	24.0	
26	FC3404	中段返塔量控制	t/h	0～150	33.0	
27	FC3405	蜡油上返塔量控制	t/h	0～40	7.0	
28	FC3406	蜡油下返塔量控制	t/h	0～50	18.0	
29	FC3434	酸性水至A3301流量控制	kg/h	0～8000		
30	FC3435	酸性水至分馏塔顶流量控制	kg/h	0～5000		
31	FC3501	接触冷却塔顶流量控制	t/h	0～80		
32	FC3503	接触冷却塔底回流量控制	t/h	0～85		
33	FC3611	补充吸收剂流量指示	t/h	0～60	15.84	
34	FC3615	再吸收剂流量控制	t/h	0～30	22.64	
35	FC3652	稳定塔顶回流量控制	t/h	0～25	7.01	
36	LC3101	原料缓冲罐液位控制	%	0～100	50	
37	LC3274	甩油罐液位控制	%	0～100	50	
38	LC3301	封油罐液位控制	%	0～100	50	H：85 L：35
39	LC3401	分馏塔底液位控制	%	0～100	50	H：80 L：35
40	LC3403	蜡油集油箱液位控制	%	0～100	50	
41	LC3405	蜡油汽提塔液位控制	%	0～100	50	
42	LC3431	D-3103液位控制	%	0～100	50	H：80 L：20
43	LC3501	接触冷却塔底液位控制	%	0～100	50	
44	LC3503	D-3108液位控制	%	0～100	50	
45	LC3601	凝缩油罐液位控制	%	0～100	50	
46	LC3611	吸收塔中段集油箱液位控制	%	0～100	50	
47	LC3612	吸收塔底液位控制	%	0～100	50	
48	LC3613	再吸收塔底液位控制	%	0～100	50	
49	LC3651	稳定塔底液位指示	%	0～100	50	
50	LC3652	液化气罐液位控制	%	0～100	50	
51	LdC3433	粗汽油罐界位控制	%	0～100	50	
52	LdC3505	D-3108界位控制	%	0～100	50	

续表

序号	仪表号	说明	单位	量程	正常值	报警值
53	LdC3602	凝缩油罐界位控制	%	0～100	50	
54	PC3235A	炉膛负压	Pa	−50～0	−20.0	
55	PC3235C	炉膛负压	Pa	−50～0	−20.0	
56	PC3256	瓦斯罐压力控制	MPa	0～0.6	0.3	
57	PC3301	封油罐压力控制	MPa	0～2.5		
58	PC3401	分馏塔顶压力控制	MPa	0～0.3	0.13	
59	PC3613	再吸收塔顶压力控制	MPa	0～2	1.0	
60	PC3631	解析塔顶压力控制	MPa	0～2.5	1.4	
61	PC3651	稳定塔顶压力指示	MPa	0～2.5	1.0	
62	PC3652	液化气罐压力控制	MPa	0～2.5	0.9	
63	TC3202	一路炉出口温度	℃	0～800	498.0	
64	TC3203	二路炉出口温度	℃	0～800	498.0	
65	TC3204	三路炉出口温度	℃	0～800	498.0	
66	TC3205	四路炉出口温度	℃	0～800	498.0	
67	TC3271	焦炭塔顶温度控制	℃	0～800	415.0	
68	TC3401	分馏塔顶温度控制	℃	0～200	110.0	
69	TC3410	分馏塔换热段温度控制	℃	0～600	370.0	
70	TC3412	蒸发段温度控制	℃	0～600	365.0	
71	TC3501	接触冷却塔顶回流温度控制	℃	0～400		
72	TC3636	解析塔底温度控制	℃	0～400	150.0	
73	TC3655	稳定塔底温度控制	℃	0～400	170.0	
74	AIC3231	炉氧含量控制	%	0～21	4.0	
显示仪表						
75	FI3251	瓦斯流量	T/h	0～2.0	0.6	
76	FI3252	瓦斯流量	T/h	0～2.0	0.6	
77	FI3253	瓦斯流量	T/h	0～2.0	0.6	
78	FI3254	瓦斯流量	T/h	0～2.0	0.6	
79	FIA3931	压缩机入口流量	N·m³/h	0～16000	10110.0	
80	FIA3933	压缩机出口流量	N·m³/h	0～16000	10110.0	
81	FIQ3101	原料罐入口流量	T/h	0～200	132.0	
82	FIQ3255	燃料气流量	T/h	0～10	3.0	
83	FIQ3432	污水流量	T/h	0～10		
84	LI3102	原料罐液位	%	0～100	50.0	
85	PI3201	加热炉入口压力指示	MPa	0～10	3.5	

续表

序号	仪表号	说明	单位	量程	正常值	报警值
86	PI3207	加热炉出口压力	MPa	0～4.0	0.4	
87	PI3208	加热炉出口压力	MPa	0～4.0	0.4	
88	PI3209	加热炉出口压力	MPa	0～4.0	0.4	
89	PI3210	加热炉出口压力	MPa	0～4.0	0.4	
90	PI3231	烟气压力	Pa	−2000～0.0	−500.0	
91	PI3232	烟气压力	Pa	−2000～0.0	−1500.0	
92	PI3233	空气压力	Pa	0～4000	1500.0	
93	PI3234	空气压力	Pa	0～2000	300.0	
94	PI3255	燃料气压力	MPa	0～1.0	0.3	
95	PI3271A	焦炭塔A塔塔顶压力指示	MPa	0～0.25	0.2	
96	PI3271B	焦炭塔B塔塔顶压力指示	MPa	0～0.25	0.2	
97	PI3401	分馏塔顶压力	MPa	0～1.0	0.13	
98	PI3402	分馏塔底压力指示	MPa	0～1.0	0.15	
99	PI3611	吸收塔顶压力指示	MPa	0～2.0	1.2	
100	PI3932	压缩机入口压力指示	MPa	0～0.6	0.05	
101	PI3935	压缩机出口压力指示	MPa	0～2.0	1.4	
102	TI3101A	原料罐入口温度	℃	0～300	150.0	
103	TI3101B	原料罐出口温度	℃	0～300	150.0	
104	TI3103	原料油温度	℃	0～400	246.0	
105	TI3201	加热炉入口温度指示	℃	0～800	317.0	
106	TI3202A	加热炉出口温度	℃	0～800	498.0	
107	TI3203A	加热炉出口温度	℃	0～800	498.0	
108	TI3204A	加热炉出口温度	℃	0～800	498.0	
109	TI3205A	加热炉出口温度	℃	0～800	498.0	
110	TI3244	烟气温度	℃	0～400	300.0	
111	TI3245	烟气出口温度	℃	0～400	180.0	
112	TI3246	空气温度	℃	0～400	150.0	
113	TI3402	顶循环回流温度	℃	0～400	70.0	
114	TI3404	顶循环抽出温度	℃	0～400	140.0	
115	TI3414	分馏塔显示温度	℃	0～400	150.0	
116	TI3420	柴油流出温度指示	℃	0～400	230.0	
117	TI3421	蜡油馏出温度指示	℃	0～600	360.0	
118	TI3431	粗汽油罐入口温度指示	℃	0～100	40.0	
119	TI3611	吸收塔顶温度指示	℃	0～100	41.0	

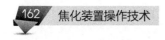

续表

序号	仪表号	说明	单位	量程	正常值	报警值
120	TI3612	补充吸收剂温度指示	℃	0～100	40.0	
121	TI3620	吸收塔底温度指示	℃	0～200	45.0	
122	TI3638	解析塔底温度指示	℃	0～400	150.0	
123	TI3651	稳定塔顶温度指示	℃	0～100	60.0	
124	TI3656	稳定塔底温度指示	℃	0～400	170.0	
125	TI3948	压缩机入口温度	℃	0～100	40.0	
126	TIA3951	压缩机出口温度	℃	0～200	120.0	

10.1.5 主要现场阀列表

装置主要现场阀门见表10-3。

表 10-3 装置主要现场阀门

序号	阀门位号	说明
1	VI1D3101	D-3101 原料入口阀
2	VI2D3101	D-3101 原料入口阀
3	VI3D3101	D-3101 平衡线阀
4	VI4D3101	甩油出装置阀
5	VI5D3101	甩油阀
6	VI6D3101	D-3101 开工蜡油进料阀
7	VI7D3101	D-3101 开工柴油进料阀
8	VI8D3101	甩油去 D3101 闭路循环阀
9	V1P3112A	开工泵原料油入口阀
10	V2P3112A	开工泵焦化油入口阀
11	V3P3112A	开工泵甩油入口阀
12	V4P3112A	开工泵原料油出口阀
13	V5P3112A	开工泵焦化油出口阀
14	V6P3112A	开工泵甩油出口阀
15	V1P3112B	开工泵原料油入口阀
16	V2P3112B	开工泵焦化油入口阀
17	V3P3112B	开工泵塔底循环油入口阀
18	V4P3112B	开工泵原料油出口阀
19	V5P3112B	开工泵焦化油出口阀
20	V6P3112B	开工泵甩油出口阀
21	V7P3112B	开工泵塔底循环油出口阀
22	VOTP3112A	开工泵透平出口阀

续表

序号	阀门位号	说明
23	VXTP3112A	开工泵透平入口调节阀
24	VOTP3112B	开工泵透平出口阀
25	VXTP3112B	开工泵透平入口调节阀
26	VI1F3101	加热炉出口阀
27	VI2F3101	加热炉出口阀
28	VI3F3101	加热炉出口退油阀
29	VI4F3101	加热炉出口退油阀
30	VSF3101A	加热炉吹扫蒸汽阀
31	VSF3101B	加热炉吹扫蒸汽阀
32	VX1F3101	加热炉蒸汽阀
33	VX2F3101	加热炉蒸汽阀
34	VX3F3101	加热炉蒸汽阀
35	VX4F3101	加热炉蒸汽阀
36	V1FV3220	加热炉蒸汽阀
37	V2FV3220	加热炉蒸汽阀
38	V3FV3220	加热炉蒸汽阀
39	V4FV3220	加热炉蒸汽阀
40	VX1BHZQ	加热炉保护蒸汽入口阀
41	VX2BHZQ	加热炉保护蒸汽入口阀
42	VX1BHFK	加热炉保护蒸汽放空阀
43	VX1BHFK	加热炉保护蒸汽放空阀
44	UV3251	加热炉瓦斯入口截止阀
45	UV3252	加热炉瓦斯入口截止阀
46	UV3253	加热炉瓦斯入口截止阀
47	UV3254	加热炉瓦斯入口截止阀
48	PCV3256A	加热炉长明灯入口截止阀
49	PCV3256B	加热炉长明灯入口截止阀
50	PCV3256C	加热炉长明灯入口截止阀
51	PCV3256D	加热炉长明灯入口截止阀
52	UV3255	加热炉长明灯入口截止总阀
53	HV3231	加热炉快开风门
54	HV3233	加热炉快开风门
55	HV3235	加热炉快开风门
56	HV3237	加热炉快开风门
57	VI1C3101A	焦炭塔焦化油入口阀

续表

序号	阀门位号	说明
58	VI1C3101B	焦炭塔焦化油入口阀
59	VI2C3101A	焦炭塔顶部进料阀
60	VI2C3101B	焦炭塔顶部进料阀
61	VI1C3101	焦炭塔开工阀
62	V1QYKGX	粗汽油出装置现场阀
63	V2QYKGX	粗汽油去 E-3304 现场阀
64	V3QYKGX	粗汽油去吸收塔现场阀
65	V4QYKGX	粗汽油收油进料阀
66	V1CYKGX	柴油进出装置现场阀
67	V2CYKGX	开工柴油现场阀
68	V1LYKGX	蜡油进出装置现场阀
69	V2LYKGX	开工蜡油现场阀
70	V3LYKGX	开工蜡油去接触冷却阀
71	VI1C3102	分馏塔进料上截止阀
72	VI2C3102	分馏塔进料下截止阀
73	VX1D3301	D-3301 瓦斯充压阀门
74	VI1C3303	再吸收塔顶部进料截止阀
75	VI2C3303	再吸收塔吸收剂旁路截止阀
76	VI1C3102	分馏塔上进料现场阀
77	VI2C3102	分馏塔下进料现场阀
78	VGLLC102	分馏塔蜡油抽出根部阀
79	VGLC102	分馏塔蜡油抽出根部阀
80	VGZC102	分馏塔中段抽出根部阀
81	VGCC102	分馏塔柴油抽出根部阀
82	VGDC102	分馏塔顶循环抽出根部阀
83	VI1E3104	燃料气进装置阀
84	VI1D3103	D-3103 富气出口阀
85	V4QYKGX	P-3103 跨线阀
86	VI1FK	紧急放空油现场阀
87	VI2FK	紧急放空油现场阀
88	VIWY	甩油污油出装置现场阀
89	VI1C3101	焦炭塔开工线总阀
90	VX3C3101A	焦炭塔底甩油现场阀
91	VX3C3101B	焦炭塔底甩油现场阀
92	VLJ1C3101	冷焦水现场阀

续表

序号	阀门位号	说明
93	VLJ2C3101	冷焦水现场阀
94	VZQ1C3101	低压吹汽现场阀
95	VZQ2C3101	低压吹汽现场阀
96	VLJC3101	焦炭塔放水总阀
97	VHXC3101A	焦炭塔呼吸阀
98	VHXC3101B	焦炭塔呼吸阀
99	VYLC3101A	焦炭塔溢流水阀
100	VYLC3101B	焦炭塔溢流水阀
101	VX1D3107	甩油罐顶部气相出口阀
102	VX2D3107	甩油罐甩油去 E-3114B 现场阀
103	VI3D3105	蒸汽发生器出口阀
104	VX2D3105	蒸汽发生器放空阀
105	VI1C3302	解吸塔进料阀
106	VI2C3302	解吸塔进料阀
107	VI1C3304	稳定塔进料阀
108	VI2C3304	稳定塔进料阀
109	VI3C3304	稳定塔进料阀
110	VOFV3651	稳定汽油出装置边界阀
111	V2FV3651	稳定汽油去不合格线阀
112	VIQYWS	稳定汽油外送现场阀
113	VI1D3302	D-3302 不凝气出装置
114	VI2D3302	不凝气去压缩机现场阀
115	VX1D3301	吸收系统充压阀
116	VXCK3301	K-3301 出口放空阀
117	VIE3101	E-3101 入口阀
118	VOE3101	E-3103 出口阀
119	VPE3101	原料换热器旁路阀

10.2 DCS 仿真操作

10.2.1 操作系统介绍

（1）登录

登录网址：http：//125.222.104.90：9001。通过用户名和密码登录，见图 10-1。

由"我的学习面板"进入仿真操作学习界面，见图 10-2。如果本机是首次运行仿真软件，请下载安装，如图 10-3 所示。

图 10-1　登录界面

图 10-2　"我的学习面板"界面

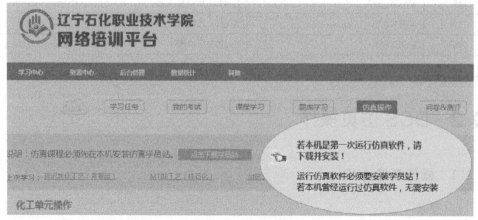

图 10-3　下载安装界面

（2）选择培训工艺

如图 10-4 所示，选择要参加的培训工艺，点击进入。再在该培训工艺下选择要进行的具体培训项目，如"正常开车"，见图 10-5。

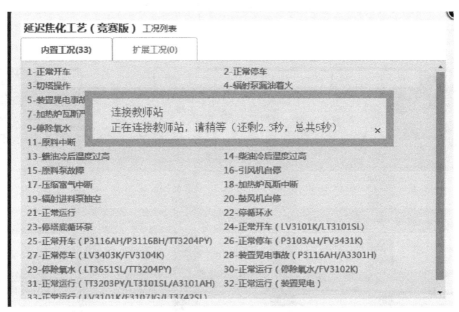

图 10-4　培训工艺登录界面

图 10-5　培训项目选择界面

10.2.2　DCS 模拟仿真操作

（1）操作界面

各工艺组成对应操作总界面分布见图 10-6，点击某一对应图标，进入该操作界面。

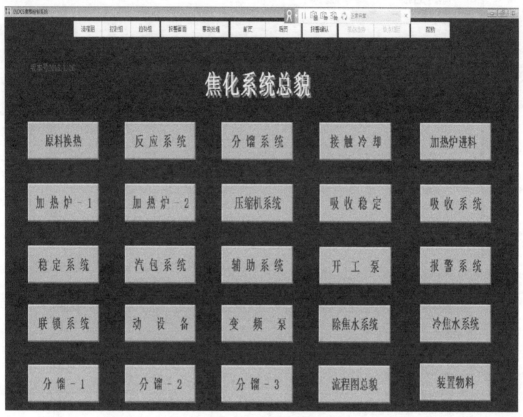

图 10-6　各工艺组成对应操作总界面

（2）模拟操作工况

① 正常开车。

② 正常停车。

③ 切塔操作。

④ 辐射泵漏油着火。

⑤ 装置晃电事故。

⑥ 装置长时间停电。

⑦ 加热瓦斯严重带油。

⑧ 加热炉炉管烧穿破裂。

⑨ 停除氧水。

⑩ 中压蒸汽中断。

⑪ 原料中断。

⑫ 四通阀切换不过去（切塔时）。

⑬ 蜡油冷后温度过高。

⑭ 柴油冷后温度过高。

⑮ 原料泵故障。

⑯ 引风机自停。

⑰ 压缩富气中断。

⑱ 加热瓦斯中断。

⑲ 辐射进料泵抽空。

⑳ 鼓风机自停。

㉑ 正常运行。

㉒ 停循环水。

㉓ 停塔底循环泵。

（3）冷态开车操作

① 分馏塔收汽油，如图 10-7 所示。

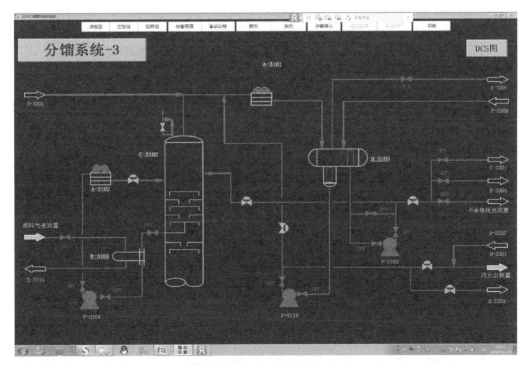

图 10-7　分馏塔收汽油

② 分馏系统收蜡油、蜡油开路循环，如图 10-8 所示。

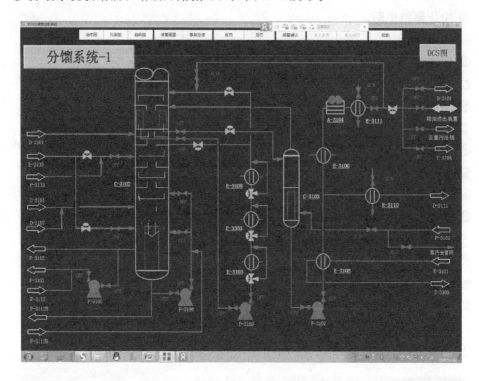

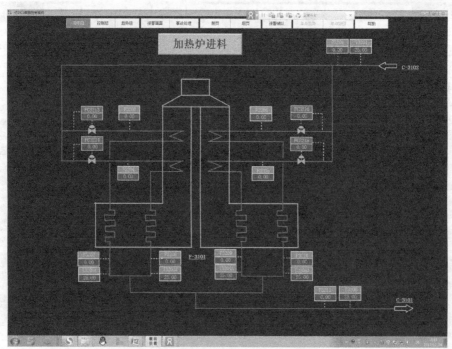

图 10-8　分馏系统收蜡油、蜡油开路循环

③ 接触冷却塔收蜡油，如图10-9所示。

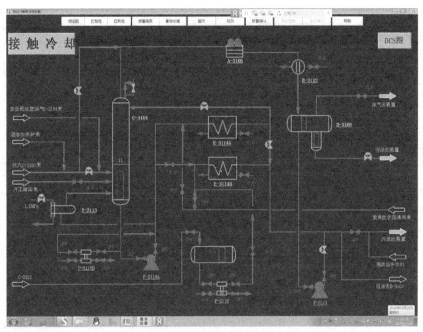

图10-9　接触冷却塔收蜡油

④ 蜡油闭路循环，升温控制到350℃，如图10-10所示。

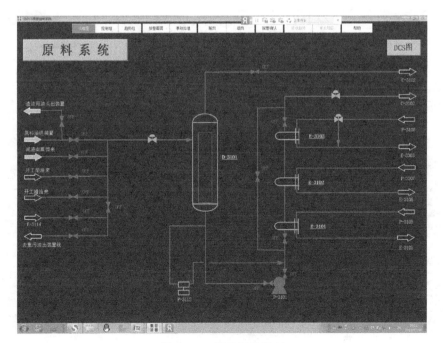

图10-10　蜡油闭路循环

⑤ 加热炉点火升温，如图 10-11 所示。

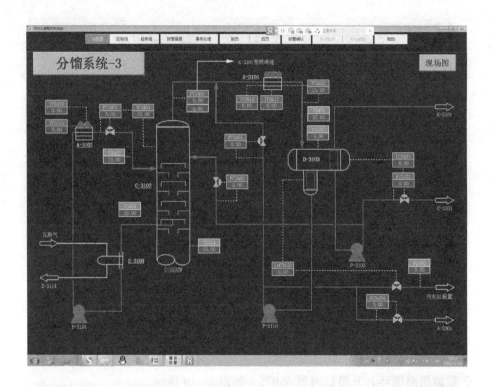

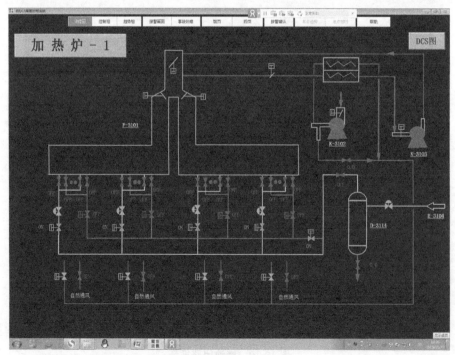

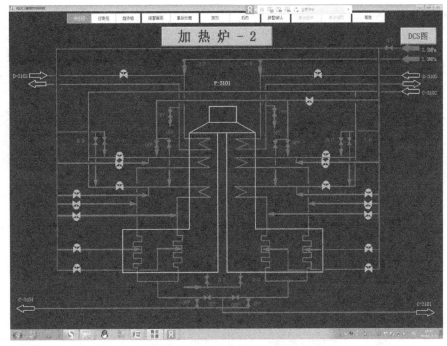

图 10-11　加热炉点火升温

⑥ 汽包投用，如图 10-12 所示。

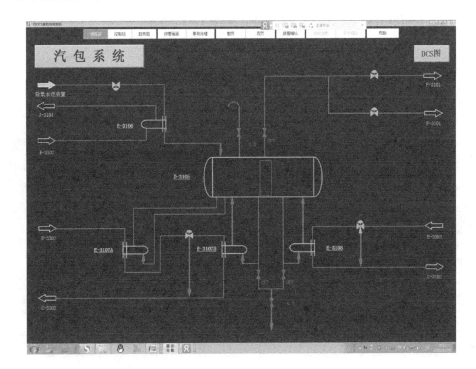

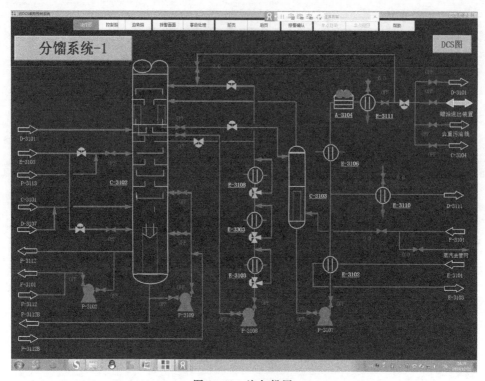

图 10-12 汽包投用

⑦ 稳定系统收瓦斯、汽油，三塔循环，如图 10-13 所示。

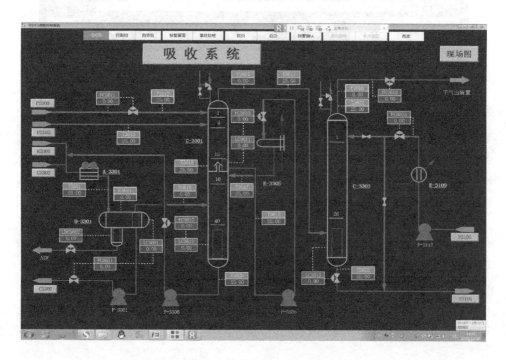

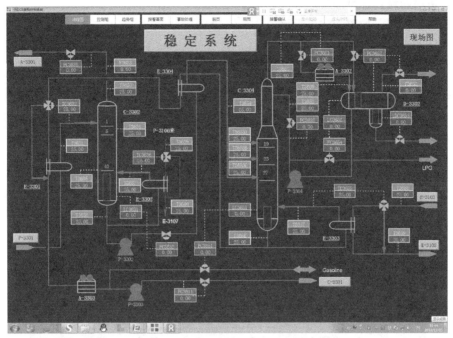

图 10-13　稳定系统收瓦斯、汽油、三塔循环

⑧ 加热炉继续升温到 380℃，切换减渣，如图 10-14 所示。

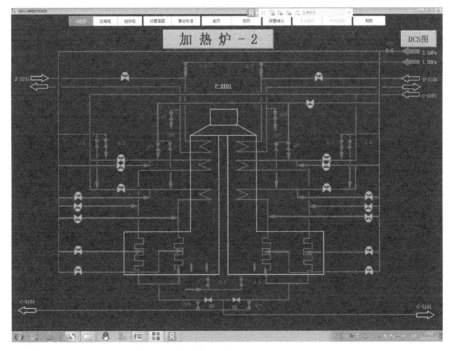

图 10-14　加热炉继续升温到 380℃，切换减渣

⑨ 切换四通，调整操作。

⑩ 联锁投用，如图 10-15 所示。

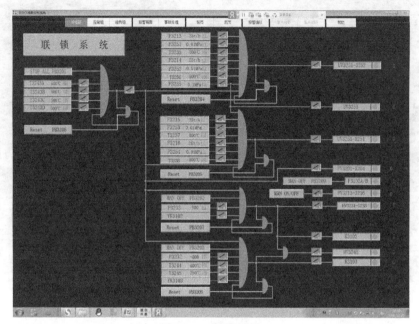

图 10-15　联锁投用

⑪ 吸收稳定系统投用，如图 10-16 所示。

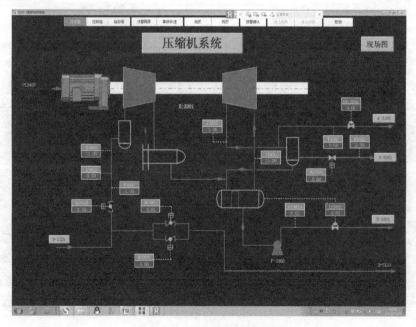

图 10-16　吸收稳定系统投用

⑫ 化学试剂系统投用，如图 10-17 所示。

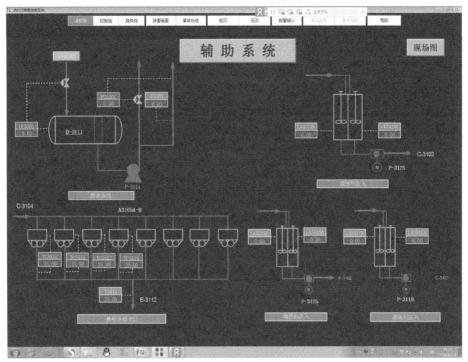

图 10-17 化学试剂系统投用